SIMPLE NOTIONS

SUR L'ACHAT ET L'EMPLOI

DES

ENGRAIS COMMERCIAUX

PARIS. — IMP. PAUL DUPONT, RUE DU BAC-D'ASNIÈRES, 12.

SIMPLES NOTIONS

SUR L'ACHAT ET L'EMPLOI

DES

ENGRAIS COMMERCIAUX

EXPOSÉ ÉLÉMENTAIRE DES FAITS

QU'IL IMPORTE AUX CULTIVATEURS DE NE PAS IGNORER

UTILITÉ DES LABORATOIRES DE CHIMIE AGRICOLE

PAR

ADOLPHE BOBIERRE

Docteur ès sciences, Directeur de l'École supérieure des sciences
et des lettres et du Laboratoire de chimie agricole de Nantes, Président
du Comice agricole de la Loire-Inférieure,
Lauréat de l'Institut, etc.

———

OUVRAGE

HONORÉ D'UNE SOUSCRIPTION
DU CONSEIL GÉNÉRAL DE LA LOIRE-INFÉRIEURE
COURONNÉ PAR LE COMICE AGRICOLE D'ORLÉANS (Prix Froberville)
ET APPROUVÉ POUR LES BIBLIOTHÈQUES SCOLAIRES

———

DEUXIÈME ÉDITION

REVUE ET AUGMENTÉE

**Avec planches coloriées et figures intercalées
dans le texte**

———

PARIS

G. MASSON, ÉDITEUR

PLACE DE L'ÉCOLE-DE-MÉDECINE

AUX

HOMMES DE BONNE VOLONTÉ

———

A vous que j'ai rencontrés tant de fois, depuis plus de vingt ans, sympathiques aux persévérants efforts et dévoués aux intérêts de l'agriculture nationale ;

A vous qui, de loin ou de près, à Paris ou à Nantes, en Bretagne ou en Sologne, m'avez si affectueusement soutenu dans ma longue lutte contre des abus, fils légitimes de l'ignorance ;

A vous, administrateurs ou conseillers, savants ou cultivateurs, dont le précieux concours, en stimulant mon zèle, l'a peut-être empêché d'être stérile ;

A vous, je dédie ce petit livre.

Puisse-t-il, sous votre patronage, aller à ceux pour qui je l'ai écrit, et vous sembler digne, malgré ses modestes visées, d'être un nouveau témoignage de mon profond respect pour les uns, de ma cordiale amitié pour les autres, de ma reconnaissance pour tous.

Adolphe BOBIERRE.

AVERTISSEMENT

La première édition des *Simples notions* a été honorée de nombreux témoignages d'intérêt, aussi son écoulement a-t-il été rapide. J'ai fait tous mes efforts pour reconnaître la bienveillance du public agricole en rendant cette nouvelle édition digne de lui, c'est-à-dire en rectifiant quelques erreurs et comblant des lacunes trop sensibles. Ces modifications n'ont été réalisées toutefois que dans la limite du possible. Je ne pouvais en effet perdre de vue un seul instant la nécessité de conserver à mon modeste questionnaire le caractère de concision et de simplicité sans lequel il n'aurait pas de raison d'être.

SIMPLES NOTIONS

SUR L'ACHAT ET L'EMPLOI

DES ENGRAIS COMMERCIAUX

PREMIER ENTRETIEN

LA SCIENCE PEUT-ELLE ÊTRE UTILE A L'AGRICULTURE, ET DANS
QUELLES LIMITES PEUT-ELLE LUI ÊTRE UTILE ?

D. *Vous êtes un savant !*

R. Je m'occupe de la même question depuis plus de vingt-huit ans, je vois beaucoup d'agriculteurs, j'étudie avec soin les choses qui les intéressent, je compare leurs opinions et leurs expériences, je m'applique pendant une grande partie de chaque jour à expérimenter sur les divers engrais, sur les terres arables, sur les eaux ; ce que j'ai appris chemin faisant est peut-être peu de chose, mais ce peu de chose a sa valeur pratique, et je suis très-heureux d'en faire part pour qu'on suive mes avis s'ils sont sensés, ou qu'on les critique s'ils sont dangereux. Si c'est là ce que vous appelez un être savant, admettons que je le sois.

D. Auriez-vous la prétention de diriger, de votre cabinet, des hommes qui ont appris lentement et péniblement leur métier, et dont la manière de faire a été sanctionnée par la longue expérience de leurs pères ?

R. Je n'ai nullement cette prétention, et si j'avais une pièce à labourer ou un champ de betteraves à sarcler, vous seriez certainement mes maîtres, mais à votre tour, vous m'accorderez que l'agriculture se compose de bien des choses fort différentes les unes des autres. Parce que vous êtes des cultivateurs intelligents et zélés, vous n'avez pas, vous, la prétention :

De soigner les maladies de vos animaux ;

D'inventer et de construire des instruments tels que machines à battre ou à faucher, rouleaux perfectionnés, défonceuses, moissonneuses, etc. ;

De reconnaître à première vue que telle ou telle pierre extraite du sol pourra, après sa pulvérisation, devenir un excellent engrais.

Vous m'accorderez enfin que vos pères ne cultivaient pas la pomme de terre, qu'ils laissaient leurs terres *se reposer* outre mesure, que de leur temps les défrichements étaient tellement lents et pénibles que le dicton : « *Lande tu as été, lande tu es, lande tu seras,* » semblait parole d'Évangile. Vous ne contesterez pas davantage que les ingénieurs, en creusant des canaux et traçant des chemins de fer, aient donné des débouchés à vos produits. Vous êtes en général mieux vêtus, mieux nourris, plus instruits que vos pères; vous faites des choux, de la luzerne, du maïs, là où ils n'en faisaient pas; enfin, vous vendez plus facilement que par le passé vos récoltes ou vos animaux.

L'emploi d'engrais nombreux qui s'ajoutent aux fumiers des étables est une conquête moderne. Les comices agricoles vous enseignent à bien soigner vos fumiers et à ne pas les laisser laver et épuiser par l'eau des pluies, comme *au bon vieux temps.* Voilà, si je ne me trompe, des progrès bien réels.

« Quand j'étais jeune, me disait un vieillard avec qui je causais il y a quelques jours de toutes ces choses, nous entendions souvent parler de famine et nous en souffrions ; nous vivions isolés et ne trouvions pas toujours à vendre nos produits ; ceux d'entre nous qui savaient lire n'étaient pas nombreux, et je me souviens toujours de l'étonnement que j'éprouvai, lorsque, parcourant la France comme soldat, je vis que certaines provinces étaient abondamment pourvues de froment, tandis que d'autres étaient dans une disette absolue (1). Le pays que j'habite était presque entièrement à l'état de landes, les chemins rares et détestables et la population misérable. On vivait mal, mais résigné, et malgré tout, le bon Dieu aidant, il y avait encore de gais instants. Aujourd'hui, mes petits-enfants vont tous à l'école ; l'un de mes fils est adjoint du maire et tient ce dépôt de noir animal que vous voyez au bout du village. Un autre est serrurier et a organisé un petit atelier de machinerie agricole, le troisième est fermier à quelques lieues d'ici, et ses économies lui

_____

(1) Une grande dame qui vivait en 1673, madame de Sévigné, disait dans une des charmantes lettres qu'elle écrivait de Bourgogne : « Je crie famine sur un tas de blé! » Il ne s'agissait pas seulement de produire à cette époque, il fallait porter au marché.

ont permis d'acheter, lors du partage des communs, quelques parcelles dont la valeur a déjà doublé. J'estime qu'autour de moi chacun a ce qu'il faut pour être heureux. Malgré cela, j'entends quelquefois se plaindre, et pendant que les bons travailleurs s'enrichissent, on dit, dans les cabarets du chef-lieu de canton, que les saisons sont mal réglées, que les affaires ne vont pas, que c'est la faute du gouvernement, etc. Mais tout compte fait, voilà plus d'un demi-siècle que j'entends répéter la même chose, d'où je conclus que si le bien-être a augmenté, la nature des hommes n'a pas changé, et que pour certains d'entre eux les bonnes saisons, les bons gouvernements, les bonnes affaires, le bon temps, enfin, c'est la saison, le gouvernement, le commerce qu'ils n'ont pas. Tenez, monsieur, le vrai *bon temps*, c'est la jeunesse, de même que la vraie sagesse, c'est la modération dans les désirs : voilà mon opinion. »

Ce brave homme avait cent fois raison, et ceux-là même qui parmi vous ne répondraient pas comme lui entendraient s'élever en eux la protestation de leur conscience.

D. *Nous reconnaissons avec vous que la vie est devenue plus douce pour le cultivateur, mais en quoi la science a-t-elle contribué à ce résultat?*

R. En multipliant les grandes voies de communication qui facilitent les approvisionnements ou les débouchés ;

En répandant l'instruction et détruisant les erreurs et les préjugés ;

En faisant mieux connaître les principes nécessaires à la nourriture des plantes et des animaux ;

En développant la recherche et l'emploi d'une quantité prodigieuse d'engrais;

En augmentant par suite les rendements de la terre dans une proportion considérable.

D. *Citez-nous des faits si vous voulez nous convaincre.*

R. Cela n'est pas difficile, et je vais procéder par ordre. Les télégraphes électriques font connaître instantanément l'importance des récoltes des différents pays et permettent d'établir l'uniformité des prix des principales matières alimentaires.

Les chemins de fer répartissent avec une étonnante rapidité les animaux, les grains, les pommes de terre, les châtaignes, les vins, les engrais d'un point à un autre du monde; que l'Allemagne envoie des bœufs à la frontière de l'est, que Marseille reçoive des froments de Russie ou d'Egypte, que les départements du nord, de l'est ou du midi expédient des phosphates de chaux en Sologne ou en Bretagne; que le Havre, Nantes ou Bordeaux reçoivent des chargements de guano du Pérou, et en quelques jours, ces animaux, ces grains, ces engrais, transportés avec une extrême promptitude, seront livrés sur tous les points du pays.

La connaissance de l'histoire naturelle a éclairé les hommes qui s'occupent spécialement des animaux; ils ont recherché les moyens d'améliorer les races en les croisant, et de leurs études il résulte que dans un nombre d'années déterminé et sur une propriété d'une étendue fixe, on peut produire une quantité de viande bien plus considérable que par le passé.

C'est à la suite d'études vraiment scientifiques que la distillation des betteraves a été installée dans beaucoup de contrées et que les bestiaux ont été nourris avec le résidu de cette industrie.

Et voyez comme tout se tient !

Un beau jour, l'eau-de-vie devint fort chère parce que la récolte du vin avait manqué. Les savants cherchèrent à produire de l'eau-de-vie sans raisin. On imagina vingt procédés plus curieux les uns que les autres : celui-ci voulait faire de l'eau-de-vie avec de la sciure de bois, cet autre avec du gaz de l'éclairage, — ceci n'est pas une plaisanterie, — on fit fermenter et on distilla successivement les pommes de terre, les grains, les cidres et particulièrement les betteraves ; or, comme la betterave, pressée et épuisée, n'était plus qu'un résidu inutile, on tenta de la donner à manger aux bestiaux. Ceux-ci engraissèrent. Ce jour-là une nouvelle industrie fut créée et on fit tout à la fois et de la viande et de l'eau-de-vie, en même temps qu'on nettoyait le sol par une culture sarclée.

Autre exemple :

Un industriel fort ingénieux cherchait à construire une lampe dans laquelle l'huile arrivât à la mèche en s'élevant régulièrement d'un réservoir inférieur. *Carcel* avait déjà résolu le problème, mais sa lampe était coûteuse et ne pouvait être achetée que par les personnes riches. La lampe *modérateur* fut inventée, et, dans le plus modeste cabaret de village, on la trouve aujourd'hui. Eh bien, ce qui vous surprendra, c'est que cette découverte a augmenté considérablement l'emploi de l'huile de colza et réagi du même coup sur l'agriculture. A son tour, la fabrication de l'huile a été cause d'une production proportionnelle de *tourteaux*, et voilà qu'un lampiste donne sans s'en douter une impulsion nouvelle à l'exploitation de la terre. C'est que, voyez-vous, il en est de ce monde, dont le grand architecte a assemblé toutes les parties, comme d'une horloge où chaque rouage est solidaire de l'ensemble. Modifiez la plus petite dent de l'une des roues et la machine entière s'en ressent.

Savez-vous quelle influence la découverte du sucre de betteraves, faite dans un laboratoire de chimie, a eue sur l'agriculture du nord de la France? Je vais vous citer un seul fait qui vous en donnera une idée. Près de Valenciennes, on louait l'hectare de terre 80 francs il y a cinquante ans. Vingt ans plus tard ce chiffre s'élevait à 160 francs, et aujoud'hui il dépasse 250 francs; l'hectare se vend 9 à 10,000 francs. Je crois que ces chiffres sont significatifs.

Un dernier exemple, puisque vous m'avez demandé de vous présenter des faits :

Les chimistes, en faisant un examen approfondi des cendres des végétaux, ont trouvé dans ces cendres une matière appelée *phosphate de chaux.*

Les géologues, — savants adonnés à l'étude de la terre, — ont reconnu que des pierres noirâtres disséminées dans l'argile de certains terrains étaient en grande partie formées de phosphate de chaux. Ces deux découvertes de la science ont causé une véritable révolution dans le commerce des engrais. En Bretagne, en Normandie, dans la Sarthe, la Mayenne, la Sologne, etc., on essaya l'emploi de ces pierres réduites en poudre et désignées sous le nom de *phosphate fossile;* les résultats furent excellents. De grands défrichements furent ainsi effectués, l'extraction du *phosphate fossile* est devenue une sérieuse et féconde industrie.

Dans un petit village d'Espagne, appelé Logrosan, il existe un gisement de phosphate de chaux tellement important qu'on pourrait en construire des cathédrales. Or, on ignora pendant longtemps la nature et la valeur de cette pierre et on s'en servait quelquefois pour bâtir des murs de clôture. Aujourd'hui, on s'occupe activement de son extraction, et des navires la portent en Angleterre et en France, où les agriculteurs commencent à l'employer comme engrais. — Selon la parole de l'Écriture, la pierre se change en pain. — Ici encore, vous le voyez, la science n'a pas été inutile.

Depuis un certain nombre d'années, le besoin d'un peu de repos me conduit en automne dans un charmant petit port de la baie de Bourgneuf.

Le terrain de Pornic est schisteux, et toute la chaux nécessaire aux nombreuses constructions qui s'y élèvent venait autrefois des environs d'Ancenis. Un maître maçon fort intelligent de la localité avisa qu'à quelques lieues en mer, près de Noirmoutiers, on pouvait, à marée basse, draguer un calcaire particulier dont la cuisson opérait la transformation en belle et bonne chaux. Un four à chaux fut donc élevé; notre homme fit marché pour l'extraction du calcaire, à tant du mètre cube; son industrie devint sérieuse, on ne fit plus venir de chaux d'Ancenis à Pornic, et avant que la concurrence s'en mêlât, le four à chaux de Gourmalon avait donné à son propriétaire plus d'argent qu'une belle ferme en Beauce. Supposons que notre inventeur, — car c'en était un, — eût dit : « Nos pères faisaient venir la chaux d'Ancenis, suivons la voie tracée ; » supposons qu'il ne lui fût pas venu à l'esprit de cuire le calcaire de Noirmoutiers dans l'âtre de sa cheminée, — je crois même, pardieu ! qu'il en demanda l'analyse à un chimiste ; — admettons enfin que l'esprit scientifique n'eût pas germé quelque peu dans sa cervelle, et la mer eût gardé longtemps encore le secret d'une richesse aujourd'hui exploitée.

Il me serait facile de vous relater des centaines de faits analogues et de vous démontrer que les grands progrès de l'agriculture moderne sont particulièrement dus à la *mécanique* (1), à la *chimie* et à cette science des animaux qu'on appelle la *zootechnie*. Un bon agriculteur tire parti des découvertes de ces sciences, il examine avec docilité, mais avec prudence, ce qu'il doit prendre ou rejeter dans les idées nouvelles qu'on lui soumet. Trop de confiance pourrait le ruiner, trop de défiance l'attarde. En résumé, beaucoup de bon sens lui est nécessaire, et voilà pourquoi il ne saurait trop rechercher les occasions de s'instruire.

D. *Voulez-vous dire qu'un simple cultivateur doit se faire juge des opinions des savants ?*

R. A Dieu ne plaise ! Ce que je veux dire, c'est qu'un agriculteur doit se tenir au courant des grands faits qui dominent sa profession. Il le peut en interrogeant Pierre ou Paul, en fréquentant les assemblées des comices, en lisant quelques petits livres bien faits. Il se débarrassera ainsi de mille erreurs

(1) Chez les anciens Grecs, un tiers de la population était occupée à moudre le grain qui devait servir à la nourriture de la population. Mais depuis qu'on a su utiliser les cours d'eau, et surtout depuis la découverte de la vapeur, un homme, servi par ces puissants auxiliaires, accomplit facilement le travail de 300 de ses semblables livrés à leurs seules forces.

dangereuses qui ont cours dans les campagnes ; il reconnaîtra les abus excessifs dont son ignorance le rend victime. Il perdra surtout cette déplorable habitude de viser en tout et pour tout au *bon marché*, souvent si cher. Il renoncera à acheter moyennant huit francs des engrais qui en valent quinze sur les lieux de production. Il comprendra enfin que le crédit à long terme n'est le plus souvent qu'un dangereux appât offert à sa crédulité ; il deviendra alors plus riche et plus indépendant, parce qu'il aura été plus éclairé.

Rappelez-vous bien, mes amis, que lorsque je parle d'instruction à acquérir, je n'ai garde de méconnaître toute la valeur de celle que possède un bon laboureur. L'homme des champs qui a la réputation d'un cultivateur habile et qui élève honnêtement sa famille a cent fois plus d'instruction réelle que ces avocats manqués, ces fainéants de cafés ou ces ivrognes toujours en grève qui vous envoient de la ville des journaux destinés à vous exciter et à vous corrompre. Ils raillent votre ignorance, comme si le grand livre de la nature et l'expérience d'une vie laborieuse ne vous avaient rien enseigné. Ils prétendent avoir mission de vous éclairer, et ils sont le plus souvent incapables eux-mêmes de trouver dans l'exercice pur et simple de leur profession les moyens de vivre avec honneur. Lorsque je vous dis qu'il faut vous instruire, je suis donc fort loin de prétendre que vous soyez des ignorants ; mais rien n'est fait lorsqu'il reste quelque chose à faire, et tous tant que nous sommes avons le devoir d'augmenter la somme de nos connaissances. Je n'ai pas voulu dire autre chose, soyez-en bien persuadés.

DEUXIÈME ENTRETIEN

Les matières qu'un chimiste reconnaît et sépare les unes des autres lorsqu'il analyse les produits du sol, — végétaux ou animaux, — existaient dans l'air, dans les eaux, dans la terre arable.

La composition de l'air est *presque invariable*, la composition des eaux est *assez variable*, la composition de la terre arable est *très-variable*.

D. *Qu'est-ce que l'air ?*

R. C'est un mélange de matières invisibles appelées *gaz*. Ces matières sont très-différentes les unes des autres : ce sont l'*oxygène* et l'*azote*, plus des traces d'*acide carbonique* et enfin un peu de vapeur d'eau ou d'humidité.

D. *Quel intérêt cette connaissance peut-elle offrir à un cultivateur ?*

R. Cet intérêt n'est pas évident à première vue, mais lorsqu'on étudie les végétaux et l'action que les engrais ont sur leur développement, on éprouve une très-naturelle curiosité de savoir quelle part prend l'air et quelle autre part prend le sol à fournir la matière des récoltes.

D. *Que contiennent donc les récoltes ?*

R. Deux sortes de principes : les uns que l'air peut leur fournir et qu'on appelle pour cette raison *principes atmosphériques;* les autres qu'elles ne peuvent puiser que dans le sol et qu'on nomme *principes fixes* ou *minéraux.* Vous avez la preuve de l'existence de ces derniers toutes les fois que vous brûlez une plante et en obtenez les *cendres.* en même temps que vous recueillez les cendres, les principes atmosphériques s'évaporent.

D. *Comment les plantes sont-elles en rapport avec l'air ?*

R. Par les feuilles, véritables appareils respiratoires qu'on a comparés à la poitrine d'un animal.

D. *Comment sont-elles en rapport avec le sol ?*

R. Par les extrémités de leurs racines qui aspirent les principaux minéraux dissous dans les eaux et les font monter dans toute la plante.

D. *Je comprends cela, mais je ne vois pas l'utilité pratique de ces connaissances.*

R. Vous allez la comprendre. Les chimistes n'ont pas le pouvoir de changer la composition de l'air et dé l'eau de pluie, mais ils peuvent éclairer l'agriculteur sur la nature des eaux d'irrigation et des terres et lui démontrer que telle culture ne réussira pas dans telle nature de terrain. Ils peuvent reconnaître aussi avec certitude que telle eau d'irrigation sera précieuse ou nuisible; cet ensemble de connaissances, le cultivateur aurait pu l'acquérir, mais au moyen d'essais prolongés et quelquefois fort coûteux.

D. *Comment un chimiste peut-il savoir qu'une terre est meilleure qu'une autre pour la culture du froment, du trèfle ou de la betterave?*

R. Parce que les plantes ont, comme les bêtes, des appétits particuliers. La nourriture qui convient aux unes ne convient pas également aux autres. Vous avez quelquefois brûlé de vieux ceps de vigne et vous avez remarqué que leurs cendres étaient très-blanches et possédaient un goût assez prononcé; or, si vous examiniez comparativement les cendres du chêne, du pin, du hêtre, etc., vous verriez qu'elles sont très-différentes et fournissent avec l'eau des lessives dont les qualités et la force ne sont pas identiques. Ce que je dois ajouter, c'est que ces différences notables existeront alors même que la vigne ou le chêne, le pin ou le hêtre seront venus sur un même terrain. Eh bien, les chimistes ont reconnu que la *chaux*, la *potasse*, la *soude*, la *magnésie*, la *silice*, l'*oxyde de fer*, les *phosphates* sont les matières importantes des cendres, et ils ont déterminé avec soin dans quelles proportions ces matières y sont associées.

Voici un tableau dans lequel ces faits sont résumés (*Voy.* le tableau faisant suite au volume).

La teinte bleue y représente la potasse et la soude, que l'on confond souvent sous le nom d'*alcalis*.

La teinte rouge, une substance appelée *acide phosphorique* et qui, combinée à la chaux, à la potasse ou à la magnésie, etc., forme du *phosphate de chaux*, du *phosphate de potasse*, du *phosphate de magnésie*, etc.

La teinte jaune indique la chaux.

La teinte verte représente les matières complémentaires telles que la silice, la magnésie.

Or, l'inspection de ce tableau vous démontre immédiatement les deux vérités suivantes :

Première vérité: la récolte de 1 hectare en pommes de terre appauvrit le sol de 123 kilogrammes de cendres, dans lesquelles il y a 14 kilogrammes d'acide phosphorique, 2 kilogrammes de chaux, etc., tandis que la récolte en avoine (grain) n'enlève sur le même espace de terrain que 6 kilogrammes d'acide phosphorique et 1 kilogr. 600 de chaux.

Seconde vérité : le sol doit être approvisionné soit par sa nature première, soit par une opération humaine, des principes qui sont nécessaires aux récoltes. L'épuisement de la terre arrive promptement lorsqu'on méconnaît ces lois, et c'est précisément parce qu'ils en avaient le pressentiment que vos pères laissaient reposer la terre, bien qu'ils ne lui demandassent que de faibles rendements.

D. *En quoi le repos de la terre modifiait-il sa composition chimique et changeait-il les proportions de phosphates, de magnésie, de chaux ou d'alcalis de la surface arable?*

R. Parce que la terre arable renferme tout à la

fois : 1° ces principes à un état de division telle que l'eau puisse les dissoudre et les apporter aux racines ; 2° ces mêmes principes à l'état de fragments grossiers, durs, peu solubles, inertes, en un mot ; or l'aération du sol, la pénétration des racines, l'action des eaux pluviales et souterraines, les alternatives de chaleur et de froid divisent peu à peu ces fragments, les dissolvent et préparent la fertilité de l'avenir. Lorsque vous retournez la terre et que vous l'exposez à l'action de l'air humide, du froid, etc., vous augmentez la solubilité de ses principes minéraux.

D. *L'amélioration par la jachère résulte-t-elle uniquement de ces influences ?*

R. Non, car à ces influences il s'en joint une qui est fort remarquable. C'est la croissance, sur le sol, d'une quantité très-grande de végétaux sauvages.

D. *Quel est le rôle de ces végétaux ?*

R. Ils soutirent et accumulent à la surface du sol des principes qui y étaient enfouis et disséminés. Si on brûle ces végétaux, leur cendre devient un véritable engrais : ils ont donc amélioré le sol; mais si on les donne en pâture, on reconnaît qu'ils ont tout à la fois condensé à la surface du sol, et des principes minéraux, — silice, potasse, chaux, magnésie, acide phosphorique, etc., — et des matières atmosphériques, — charbon, hydrogène, azote, oxygène. — Ils ont solidifié de l'air.

D. Qu'entendez-vous par ces mots : solidifié de l'air ?

R. J'ai voulu dire qu'une plante se nourrit de l'air humide, en fixant par ses feuilles de l'azote, du charbon, de l'oxygène, comme elle se nourrit du sol en absorbant par ses racines de la chaux ou de la potasse, en même temps que les éléments de l'eau (oxygène et hydrogène).

D. Est-ce que les plantes n'empruntent pas de l'azote, du charbon, et en général des principes atmosphériques à la terre où elles sont fixées ?

R. Incontestablement, et ce serait faire un mauvais calcul que d'agir en agriculture comme l'ont proposé, à une certaine époque, des savants qui, au lieu d'employer le fumier en nature, — c'est-à-dire une association fort heureuse de charbon, d'oxygène, d'hydrogène, d'azote, puis de substances minérales telles que chaux, potasse, silice, acide phosphorique, — le faisaient brûler, fumaient avec la cendre et s'en rapportaient à l'air pour fournir les autres principes des récoltes.

D. On prétend cependant qu'il y a en Vendée des terres où, de mémoire d'homme, le fumier n'a pas été employé. On dit qu'en ce pays, on se sert des déjections animales comme de combustible et que c'est seulement la cendre de ces déjections qui fertilise le sol.

R. Cela est exact, mais ce qu'on a oublié de vous dire, c'est que ces terres sont des alluvions très-riches dans lesquels la nature a déposé pour long-temps encore des résidus de végétations antérieures, tels que le charbon, l'hydrogène, l'oxygène. En général, il ne faut donc pas donner comme applicables partout les pratiques que l'on suit dans des cas exceptionnels.

D. *En fumant copieusement une terre, on vient donc en aide à l'action de l'air ?*

R. Oui, on vient en aide à l'action de l'air, et de deux manières : 1° en fournissant à la plante des principes utiles ; 2° en développant chez les plantes qu'on nourrit par les racines, le besoin de se nourrir en même temps par leurs feuilles. Le bon Dieu a créé des lois auxquelles on n'échappe pas, et de même que l'appétit de l'homme augmente lorsqu'il respire beaucoup, de même les fonctions des végétaux sont étroitement liées les unes aux autres.

D. *Je ne vois pas où vous voulez en venir.*

R. Je veux en venir à vous démontrer que l'observation est nécessaire en agriculture ; qu'une plante avide de potasse doit être cultivée sur un terrain riche en potasse ; qu'il est souvent imprudent de faire succéder les unes aux autres des récoltes qui enlèvent les mêmes principes ; que les eaux d'irrigation ou les engrais peuvent réparer les pertes occasionnées par des récoltes successives ; enfin, que la culture bien faite est une industrie comme une autre, dans laquelle il faut équilibrer les approvisionnements de matières premières avec les ventes de produits fabriqués. Si la Beauce et bien d'autres localités commencent à être moins fertiles que par le passé, c'est parce qu'elles n'ont pas tenu compte de ces grandes vérités.

D. *Comment voulez-vous que nous connaissions la composition des récoltes et celle des terres, des eaux ou des engrais ?*

R. En lisant le résumé des observations faites par les agriculteurs instruits, en observant les plantes qui végètent de préférence dans les champs incultes, en ayant recours aux *Laboratoires d'essais*, qui sont de plus en plus nombreux aujourd'hui.

D. *Est-ce que les plantes qui croissent naturellement et qui se plaisent ici plutôt que là, ainsi que nous l'avons bien souvent reconnu, peuvent indiquer la nature chimique du sol ?*

R. Oui, et voici une classification qui facilite cette recherche : à la vérité, on peut lui faire quelques objections ; car le *chardon penché*, par exemple, croît spontanément sur les calcaires en Normandie, tandis que, dans le centre de la France, on le trouve à la fois sur les argiles et les calcaires ; mais cependant elle est vraie en général, et vos propres observations vous feraient rectifier ses erreurs.

Principales plantes que l'on peut considérer comme étant caractéristiques des terrains :

SILICEUX (1).

Avoine à chapelet.	Bruyère commune.
Petite oseille.	Bruyère cendrée.
Genêt commun.	Réséda jaune.

(1) Types de matière siliceuses : pierre meulière, grès de Fontainebleau, cailloux roulés du centre de la France.

Plantain corne de cerf.
Ajonc marin.
Fougère femelle.
Genêt des Anglais.
Genêt sagitté.
Spergule des champs.
Caille-lait jaune.
Fléole des sables.
Sabline pourpre.

Sabline à feuilles menues.
Canche naine.
Canche blanchâtre.
Fétuque rouge.
Orpin âcre.
Orpin blanc.
Bouleau commun.
Châtaignier commun.
Pin maritime.

CALCAIRES (1).

Mercuriale annuelle.
Sauge des prés.
Sauge fétide, ou ballotte.
Marrube.
Arrête-bœuf.
Mélampyre rouge.
Lupuline.
Pavot coquelicot.

Centaurée scabieuse.
Fumeterre.
Caille-lait tricorne.
Chardon.
Potentille printanière.
Seslérie bleuâtre.
Frêne commun.
Noisetier commun.

ARGILEUX (2).

Ajonc marin.
Laiche.
Prêles ou queues-de-cheval.
Persicaire.
Agrostis traçante.
Vulpin genouillé.
Sureau yèble.
Laitue vireuse.

Lotier corniculé.
Saponaire officinale.
Dactyle pelotonné.
Brunelle à grandes fleurs.
Tussilage ou pas d'âne.
Aristoloche commune.
Chicorée sauvage.

(1) Terres blanches ou jaunâtres, solubles avec efferves-
cence dans les acides.

(2) Terres compactes, s'empâtant avec l'eau, servant quelquefois à la fabrication des tuiles, briques, poteries.

D. *Démontrez-nous qu'il y a eu utilité pour quel-qu'un à demander des renseignements sur la composition de la terre ou des eaux.*

R. Très-volontiers, et il me suffira pour vous satisfaire d'ouvrir mon registre de laboratoire. Il contient des faits nombreux, mais je me bornerai à vous en citer quelques-uns.

I

Demande de renseignements sur une terre dure et grise, trouvée dans une propriété de la Vendée, et que l'on considérait comme une marne.

Cette terre renferme :

Argile très-fine	19,80
Chaux.	40,90
Matières volatiles au rouge (1). .	37,30
Magnésie	2,00
	100,00

Répondu que cette substance n'est pas seulement une marne, mais qu'elle fournit par la cuisson une bonne chaux hydraulique ; elle a donc une assez grande valeur.

(1) On n'a pas cru devoir énoncer ici les détails analytiques de cet examen.

II

Demande de renseignements sur une matière grise trouvée en Maine-et-Loire.

Cette matière contient :

Argile.   25
Carbonate de chaux   75
                                       ———
                                       100

L'examen des propriétés de cette terre, rapproché de l'analyse chimique, établit que c'est une marne de bonne qualité.

III

Demande de renseignements sur le sous-sol d'un terrain situé près d'une vigne.

Ce sous-sol est constitué par une argile jaune à petites paillettes brillantes (*argile micacée*) ; on y a trouvé :

Alumine.   13,50
Eau volatile à la chaleur de l'eau
      bouillante   4,00
Eau volatile au rouge   4,50
Silice.   61,50
Rouille ou oxyde de fer   6,00
Magnésie   5,12
Chaux.   0,00
Potasse. . . . .   1,55 !...
Soude , etc.   3,83
                                    ————
                                    108,00

1 hectare de cette terre, sous une épaisseur de 25 centimètres, représente *plus de quarante mille kilogrammes de potasse.*

Répondu qu'en exposant cet argile en petits tas à l'action de l'air et surtout en la mélangeant avec de la chaux, on la convertirait en un excellent engrais pour la vigne.

IV

Demande de renseignements sur une terre grise, très-lourde et assez grasse de la Loire-Inférieure (on croit que c'est une marne).

L'analyse a fait reconnaître que cette terre ne renferme que de l'argile légèrement ferrugineuse, et qu'elle ne contient pas de calcaire (ou carbonate de chaux).

V

Demande de renseignements sur une pierre de couleur noire grisâtre, très-dure, se réduisant sous le pilon en une poudre d'un gris verdâtre.

L'analyse a fourni :

Matières volatiles au rouge.	7
Sable ferrugineux	15
Phosphate de chaux	63
Carbonate de chaux, etc.	15
	100

Répondu que cette matière est un précieux engrais appelé phosphate fossile.

VI

Demande de renseignements sur un prétendu guano importé de Bristol à Nantes par le navire Sirhovy.

L'analyse fournit :

Argile ferrugineuse.	67,9
Carbonate de chaux, etc.	32,1
	100.0

Répondu que l'importateur est un audacieux fripon, qui a tenté de faire passer de la terre pour du guano.

VII

Autre demande relative à un guano déclaré à 8 0/0 d'azote, 45 0/0 de phosphate de chaux et vendu 30 fr. les 100 kilogr.

L'analyse a fourni :

Azote, 5 pour mille.
Phosphate de chaux, 7,5 pour cent.

Répondu que cet engrais est un mélange d'argile et de guano véritable, n'ayant qu'une valeur insignifiante.

VIII

Demande de renseignements sur un prétendu guano vendu à La Flèche.

Trouvé dans cette matière :

Phosphate de chaux	14,91
Azote.	0,40
Argile..	59!..

Répondu que non-seulement il y a fraude, puisque cette matière a été vendue 35 francs les 100 kilogrammes, mais que la fermeture des sacs par un plomb imitant celui du gouvernement péruvien constitue une manœuvre d'escroquerie.

IX

Demande de renseignements sur une eau consommée par des animaux chez lesquels une épidémie s'était déclarée.

L'analyse permit de reconnaître que 1 litre de cette eau contenait l'énorme dose de 9 grammes de résidu. Dans ce résidu, il y avait des substances salines et des matières végétales en décomposition.

Répondu qu'un bœuf qui consommerait par jour 40 litres de cette eau introduirait dans son estomac 360 grammes d'un résidu dont l'effet serait très-nuisible.

On changea les animaux de prairie et l'épidémie disparut.

X

Demande de renseignements sur une eau trouble, jaunâtre, tâchant le linge et que l'on hésitait à employer.

L'analyse a fait reconnaître :

1° Que cette eau ne renfermait pas de matières animales ou végétales ;

2° Qu'elle ne contenait par litre que 7 décigrammes de matières minérales (silicates alcalins, oxyde de fer, sel marin, chlorure de magnésium, traces de plâtre).

Répondu que l'aération de cette eau et son dépôt dans un réservoir amèneraient probablement sa purification, prévision que l'expérience a confirmée.

XI

Demande de renseignements sur une eau de puits réputée excellente depuis de longues années, et pour laquelle les chevaux manifestaient de la répugnance.

Trouvé dans cette eau des substances animales à odeur de purin.

Répondu que des infiltrations provenant d'un dépôt de fumier étaient cause de la détérioration de l'eau. Conseillé d'éloigner le tas de fumier, de curer le puits et d'y plonger pendant quelques semaines un sac plein de charbon de bois ou de noir animal en grains. L'eau est redevenue potable sous l'influence de ces moyens.

Je ne voudrais pas prolonger cet entretien outre mesure ; je ne vous citerai donc pas de nouveaux faits, mais ceux que j'ai choisis me semblent de nature à vous inspirer quelque confiance dans les renseignements que peut vous fournir la science en général et la chimie en particulier.

D. Les chimistes, nous le reconnaissons, peuvent trouver certaines qualités ou certains défauts des matières utiles au cultivateur, mais les circonstances dans lesquelles il y a utilité à les consulter sont exceptionnelles. D'autre part, il n'y a pas toujours besoin d'être un savant pour reconnaître qu'une eau est infectée par des infiltrations de purin.

R. Je l'admets avec vous pour les cas où les faits sont énergiquement accusés, et puis, il y a bien des hommes intelligents qui sont en réalité plus savants qu'ils ne le pensent ; mais n'insistons pas sur ce point pour le moment, et réservez votre jugement jusqu'à notre premier entretien.

TROISIÈME ENTRETIEN

LES FUMIERS.

Un cultivateur qui soigne mal son fumier, c'est un marchand qui place son argent dans un sac mal cousu. La partie utile du fumier s'évapore et s'écoule comme les petites pièces d'argent glissent et se perdent : le purin qui va au ruisseau, c'est la pièce d'argent qui tombe dans la poussière du chemin. Comme rien n'est perdu dans ce monde, purin et monnaie seront utilisés au profit d'une plante et d'un homme, mais cette plante et cet homme ne seront pas ceux auxquels une prévoyante sagesse devait consacrer le produit du travail.

Bien soigner son fumier c'est le tenir dans un état d'humidité qui favorise les fermentations, mais c'est aussi s'opposer à ce que le liquide précieux qui l'imprègne aille se perdre dans les rigoles ; enfin, bien soigner son fumier, c'est quelquefois comprendre l'immense avantage qu'on peut avoir à y incorporer des engrais commerciaux, tels que phosphates fossiles, poudres d'os, etc., etc.

D. Est-il vrai que le fumier ait été pendant longtemps un mal nécessaire, et qu'il soit avantageux de le remplacer par des engrais achetés chez les droguistes et qui tiennent fort peu de place ?

R. Vous me posez une question assez grave, et

dont la discussion complète me ferait sortir du cadre de nos entretiens : il s'agit ici en effet de chimie, mais aussi de cette science générale qu'on appelle l'économie agricole.

D. *On nous avait dit que les chimistes connaissaient parfaitement tout ce qui touche à la question des fumiers?*

R. Du bon sens, un peu de chimie et beaucoup d'expérience des affaires de l'agriculture, voilà ce qu'il faut pour juger sainement cette grosse question de la nature des fumiers, de leur utilité et du prétendu avantage de leur suppression.

D. *Expliquez-vous plus clairement.*

R. Je vais l'essayer. On a fait de nombreuses analyses chimiques de fumier ; elles ont, pour les hommes qui étudient à fond les phénomènes naturels, un intérêt très-grand, mais il n'est pas démontré que ces analyses aient été d'un grand secours aux agriculteurs, tandis que de saines remarques sur les récoltes produites avec :

Du fumier frais ou consommé,

Du fumier lavé ou non lavé,

Du fumier couvert ou exposé au soleil,

Du fumier employé seul ou mélangé avec des débris d'os ou des phosphates fossiles,

Du fumier d'étable ou du fumier artificiel,

Du fumier d'étable dans lequel la tourbe, la terre ou la marne sont substituées à la litière de paille.

Ont eu une importance qu'on ne saurait méconnaître.

C'est par de telles observations, accessibles à tout praticien intelligent, qu'on est arrivé à un ensemble de connaissances positives, formant un précieux héritage pour les jeunes cultivateurs.

D. *Quels sont les principes contenus dans le fumier ?*

R. Vous le savez aussi bien que moi : ce sont des débris de paille, des urines, des excréments, représentant tous les éléments utiles aux plantes, et qu'on nomme *principes atmosphériques* et *principes fixes*, sans attacher toutefois une trop grande importance à ces mots.

D. *Pourquoi ne pas y attacher d'importance ?*

R. Parce que s'il est vrai que les principes salins, fixes ou minéraux, ne peuvent être fournis à la plante que par le sol, les matières atmosphériques, — azote, oxygène, hydrogène, carbone, — peuvent provenir tout à la fois de l'air et du sol.

D. *Vous nous avez déjà parlé de pays où l'on brûlait les fumiers et où l'on employait leur cendre comme engrais. On peut donc faire de la culture sans fumier ?*

R. Jusqu'à un certain point ; mais j'ai eu soin de vous dire que les terres où se faisait une telle culture étaient exceptionnellement riches et pourvues de matières organiques ; aussi, lorsqu'on a tenté de généraliser une telle méthode, qu'un illustre savant avait préconisée comme excellente, on a complétement échoué.

D. *Les produits chimiques qu'on offre pour remplacer les fumiers sont-ils analogues aux cendres de cet engrais?*

R. En grande partie. Ce sont particulièrement des phosphates, des sels de potasse et de chaux, — matières que l'on rencontre, en effet, dans les cendres des végétaux; — on y ajoute des sels ammoniacaux et du salpêtre, qui, prétend-on, suppléent à la matière végétale et animale.

D. *On nous a affirmé que ces mélanges donnaient de magnifiques récoltes de froment et de betteraves.*

R. On vous a dit la vérité; mais ce qu'on aurait pu ajouter, c'est qu'on ne sait pas encore quel sera l'effet d'une telle manière de cultiver, lorsqu'une dizaine d'années se seront écoulées. Il n'y a en agriculture de véritable expérience sérieuse que celle dans laquelle un temps assez long intervient pour sa légitime part.

D. *Est-il vrai que l'action du fumier ne réside que dans l'action de la potasse, de la chaux, de la magnésie, de l'acide phosphorique et de la matière azotée qu'il renferme?*

R. C'est une grande et dangereuse erreur. Nonseulement le fumier est un engrais précieux, parce que, débris de la végétation et de la vie, il apporte à la surface de la terre arable tous les éléments nécessaires aux plantes, mais aussi, — gardez-vous de l'oublier,—parce qu'il divise cette terre, y favorise la circulation de l'air et y entretient une favorable humidité. D'autre part, il fournit peu à peu, par sa décomposition, les éléments nécessaires aux récoltes ; il se transforme en une substance brune, dont l'égale répartition améliore le sol ; — une terre bien fumée et devenue brune est dite riche en *humus*. — La présence de l'humus est précieuse, car, à son aide, la terre devient apte à fixer et à emmagasiner des principes atmosphériques ainsi devenus des engrais : c'est ce qui arrive notamment lorsque cette terre se salpêtre.

Comme vous le voyez, le fumier n'est pas seulement une substance utile, parce qu'il renferme tel ou tel élément chimique : c'est l'engrais par excellence, parce que son emploi maintient le sol dans un état de division, d'humidité, de richesse en humus favorable aux plantes et leur permettant de résister aux intempéries.

D. *Le fumier contient-il beaucoup de matières inutiles ?*

R. Je ne sais jusqu'à quel point on peut appeler inutile l'eau, qui, sous forme d'urine, baigne la litière et les excréments solides des animaux dans le fumier ; toutefois, il est vrai que, dans cet engrais, il y a de 65 à 84 centièmes d'eau pour seulement 24 à 11 centièmes de matières organiques et 11 à 5 centièmes de matières minérales. Ces proportions varient selon la quantité de litière mise sous les animaux, l'état plus ou moins consommé du fumier, etc. ; on calcule qu'un poids de 100 kilogrammes de fumier, *ramené à l'état sec*, peut donner lieu au dégagement de 2^k,500 environ d'un gaz fertilisant très-précieux, qu'on appelle *ammo-niaque* (1). Comme vous le voyez, l'ammoniaque n'existe pas à dose bien élevée dans le fumier, puis-que, dans cet engrais à l'état humide et tel que vous l'employez, il n'atteint pas la dose de *un pour cent*. Cette dose peut s'abaisser encore si le purin est perdu, si la fermentation est mal conduite, si, en un mot, le cultivateur oublie son intérêt le plus évident. Il y a des cantons suisses où les cultivateurs comprennent si bien cela, qu'ils entourent leurs tas de fumiers avec des tresses de paille; la présence de ces tresses a le double avantage de préserver

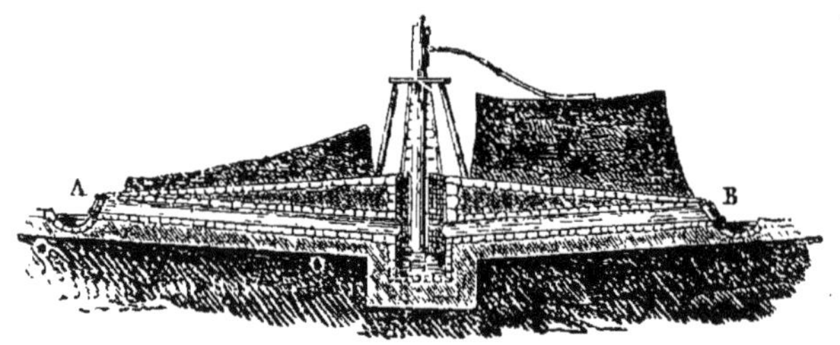

Fig. 1. Tas de fumier de Grignon avec sa pompe d'arrosage.

l'engrais contre une évaporation trop rapide, et d'empêcher le dégagement de l'ammoniaque. A Grignon, le fumier est si admirablement soigné, si régulièrement arrosé par le purin remonté au moyen d'une pompe, que le tas est uniforme dans toutes ses parties et semble une éponge imprégnée de liquide fertilisant.

(1) L'ammoniaque est formé d'azote et d'hydrogène. Ce gaz se dégage souvent des lieux d'aisances et pique forte-ment les yeux.

En résumé, ce n'est pas seulement l'analyse chimique qui nous donne le secret de cet engrais type qu'on appelle le fumier : c'est surtout l'observation générale, l'interprétation d'une longue expérience, je dirai presque le bon sens.

D. *Il n'y aurait donc pas de principes inutiles dans le fumier ?*

R. Les substances prétendues inutiles jouent, comme je viens de vous le dire, un rôle aussi important que complexe dans la série des fermentations du fumier.

D. *Est-il vrai que la matière azotée, le phosphate de chaux et la potasse résument l'action du fermier comme la quinine résume l'action du quinquina ?*

R. Cela n'est pas exact, parce que le mode d'association physique de ces principes dans le fumier a une influence énorme sur leurs transformations chimiques, de même que l'union de la quinine avec d'autres substances actives dans le quinquina a aussi son importance. Les médecins des pays où règnent les fièvres intermittentes savent très-bien que le quinquina coupe des fièvres quelquefois rebelles à l'action du sulfate de quinine (1).

(1) MM. Lawes et Gilbert, qui ont soumis pendant longtemps des terres au régime exclusif des engrais chimiques en Angleterre, déclarent nettement que, malgré les énormes récoltes obtenues par ce moyen, ils ne recommandent en aucune manière l'abandon du fumier, abandon qui, dans leur opinion, serait une hérésie économique. MM. Lawes et Gilbert ne regardent les engrais chimiques que comme des

D. *Vous nous avez parlé d'améliorations du fumier par certains engrais commerciaux ; quels sont ces engrais?*

R. Les phosphates fossiles, les têtes de sardines, les débris d'os, lorsqu'on peut s'en procurer, seront avantageusement introduits dans vos fumiers. Ils deviennent plus solubles, plus actifs par ce moyen, et vous augmentez la valeur de l'ensemble. Lorsqu'on connaissait à peine, en France, les phosphates fossiles dont M. Demolon préconisait l'emploi, je conseillais souvent aux cultivateurs d'en jeter sous les animaux ou d'en étaler de petites couches dans les fumiers ; les résultats ont toujours été excellents.

D. *Mais cela constitue un excédant de dépense, et le tas de fumier, en somme, n'est pas plus gros qu'auparavant.*

R. Je suis fort aise de vous entendre faire une pareille objection ; elle repose sur une idée fausse que je m'efforce constamment de détruire. Vous me rappelez ce voyageur débarquant aux colonies et qui disait que tous le nègres se ressemblent. Un peu d'observation lui eût fait voir des différences sensibles qui lui avaient échappé à première vue. Sachez bien qu'un mètre cube de fumier peut avoir des richesses fort différentes, selon qu'il a été bien ou mal traité, selon qu'on l'a employé tel quel ou additionné de matières fertilisantes complémentaires. Le volume est une apparence et pas autre

auxiliaires précieux du fumier. C'est ce qu'on a compris et pratiqué en Bretagne depuis environ quarante ans.

chose ; la composition est une réalité. Il en est du fumier comme de ces grosses betteraves dont l'aspect séduit, mais qui sont aqueuses et peu nutritives : aussi les cultivateurs du Nord, si experts en cette matière, se gardent-ils bien de les produire. Un blanc d'œuf qui tiendrait dans le creux de votre main peut devenir gros comme vos deux poings si vous le battez fortement : ce n'est pourtant qu'un blanc d'œuf, et son volume augmenté n'est qu'une apparence. Les mauvais fumiers, lavés, épuisés, pailleux, légers, sont le blanc d'œuf battu que je vous citais ; ils semblent être quelque chose, ils ne sont en définitive presque rien.

D. *Comment peut-on faire du fumier artificiel ?*

R. En accumulant des débris végétaux, tels que broussailles, genêts, jeunes ajoncs, feuilles mortes, fougères, etc., y ajoutant, si on le peut, des tourteaux, y incorporant des phosphates fossiles, des charrées, des cendres ou poudres d'os ; puis, arrosant le tout de manière à y entretenir une lente fermentation. Il n'y a pas à cet égard de règle absolue. Une masse végétale, qui s'est transformée en matière brune et dans laquelle on incorpore du phosphate de chaux et des sels de potasse, est toujours un bon engrais. J'ai vu M. Liazard, lauréat de la prime d'honneur en Bretagne, obtenir un excellent fumier artificiel en mélangeant 150 mètres cubes environ de broussailles, de végétaux de landes, avec 38 mètres cubes de fumier d'étable. Il ajouta par couches à cet ensemble :

4 hectolitres	poudre d'os, à	10ᶠ »	40ᶠ »
20 —	tourteaux d'arachide, à	10 »	200 »
18 —	cendre de varech, à. .	» 60	10 80
25 —	urine, à	» 75	18 75
12 —	matières fécales, à . .	1 25	15 »
Frais pour ramasser les broussailles, transports, arrosements			165 »
Total..			449ᶠ55

Il obtint 242 mètres cubes d'excellent fumier. En retranchant les 38 mètres de fumier d'étable qui y avaient été mêlés, il reste 204 mètres de fumier artificiel, représentant la somme de 449 fr. 55 c., ce qui porte le mètre à 2 fr. 20 c.

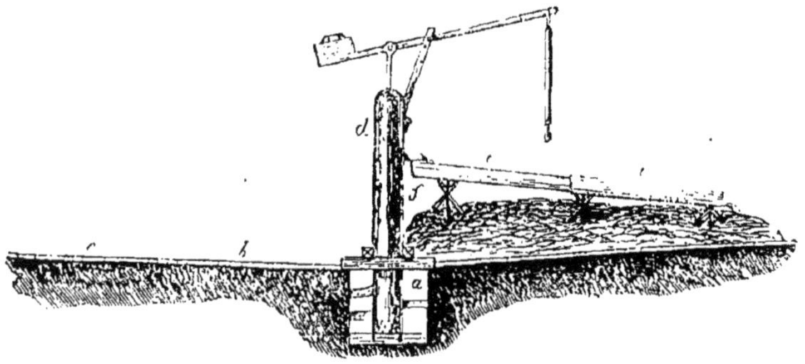

Fig. 2. Tas de fumier arrosé avec le purin.

D. *Pourriez-vous nous citer des faits établissant l'avantage qu'il y a à mélanger le phosphate fossile au fumier?*

R. J'en connais un grand nombre. Tout d'abord ceux observés en Vendée par un riche et intelligent cultivateur, qui fit répandre du phosphate fossile sous les animaux d'une de ses étables, et conserva à part le fumier qui en provenait. Il fuma comparativement des maïs avec ce fumier et avec celui des autres étables. Le résultat fut très-significatif et l'effet du phosphate évident pour tous.

M. Delozes, l'habile directeur de la ferme-école de Saint-Gildas-des-Bois, fait toujours jeter du phosphate fossile sous ses animaux; la litière en est donc régulièrement imprégnée.

Un très-honorable cultivateur du Finistère, M. L. de Kerjegu, déclarait, il y a quelques années, à la commission d'enquête des engrais, qu'avec du fumier seul, il obtenait un froment pesant 73 à 74 kilogrammes l'hectolitre et donnant une farine grise. L'adition du phosphate à la fumure faisait monter le poids du froment à 78 kilogrammes et la farine était plus blanche.

Un autre cultivateur, M. Lobit, se montrait, il y a quelques années, très-satisfait du mélange de 500 kilogrammes de phosphate fossile avec 45 mètres cubes de fumier d'étable. A cet égard, tous les témoignages concordent.

D). *A quelle dose faut-il mélanger le phosphate fossile au fumier?*

R. A la dose de 1 kilogramme chaque jour par tête de gros bétail ou de 10 kilogrammes par 100 têtes de moutons.

Un mot encore sur ce sujet : mon but est plutôt de vous entretenir de l'achat et de l'emploi des engrais commerciaux que des faits nombreux et intéressants qu'un agriculteur doit étudier s'il tient à honneur de bien connaître la question des fumiers ; or, je ne connais pas de petit livre mieux fait pour vous éclairer sur ce dernier sujet que celui de M. Girardin, intitulé *Des Fumiers et autres Engrais animaux*. Je vous le recommande avec la conviction qu'il vous sera très-utile.

D. *Avant de nous quitter, dites-nous d'une manière nette s'il faut abandonner le fumier pour les engrais chimiques ?*

R. Il faut employer du fumier, qui est le meilleur des engrais, mais il faut le produire dans de bonnes conditions. Il est souvent fort utile de l'enrichir par des phosphates fossiles. Quant aux *engrais chimiques*, je vous engage à les essayer, mais avec prudence, et sans oublier qu'ils doivent être l'accessoire et non le principal. En Bretagne, en Sologne, dans le Berry, la Dombes, on fait un très-grand emploi du noir animal, du phosphate fossile, des poudres d'os privés de gélatine, des charrées, du guano. On commence à essayer les engrais renfermant de l'acide phosphorique soluble et qu'on appelle *superphosphates*. — Ce sont en réalité des engrais chimiques, — et on n'a pas pour cela abandonné le fumier. Dans le nord de la France, et par une bonne administration des propriétés, par l'emploi des tourteaux, des matières de vidanges, des fumiers, on est arrivé à faire rendre aux terres de 35 à 50 hectolitres de beau froment par hectare (1).

(1) Récolte de 1868.

On a cherché depuis quelque temps à accréditer cette idée que la culture du froment à l'aide du fumier, avec le système triennal, donnait un rendement de 14 hectolitres à l'hectare et que la culture alterne telle qu'on la pratique aujourd'hui ne permet pas de dépasser 20 hectolitres.

Une enquête très-sérieuse, récemment développée à la So-

Vous voyez que le fumier n'est pas aussi coupable qu'on veut bien le dire. N'oubliez pas, d'ailleurs, que le jour où tous les cultivateurs abandonneraient *systématiquement* le fumier pour des produits industriels, tels que le sulfate d'ammoniaque, le salpêtre, le phosphate de chaux, ces matières deviendraient extrêmement chères.

Je ne puis donc, en résumé, que vous conseiller deux choses : continuer à faire le plus possible de *bon fumier*, et employer des engrais commerciaux à titre de complément de vos fumures.

ciété centrale d'agriculture, a démontré l'inexactitude de ces chiffres : en France la moyenne augmente chaque jour. La vérité, c'est que l'on obtient dans plusieurs départements bien cultivés jusqu'à 30 et 40 hectolitres de froment à l'hectare.

QUATRIÈME ENTRETIEN

D. *Pourquoi voulez-vous nous entretenir des poudrettes et du guano péruvien dans la même conférence ?*

R. Parce que ces deux engrais sont des excréments analogues à bien des points de vue ; parce que, dans l'un comme dans l'autre, on trouve réunis et facilement assimilables par les plantes tous les principes qui conviennent aux végétaux.

D. *Pourquoi nous parlez-vous plus particulièrement du guano péruvien que des guanos de Swan, Baker, Mexillones, Sombrero, etc. ?*

R. Parce que le guano péruvien renferme des matières azotées intimement unies aux phosphates et aux sels de potasse et de chaux, tandis que les guanos dont vous venez de prononcer les noms ne sont autre chose que les résidus du guano type. Ils ont été lavés par les eaux pluviales et il n'en reste que les sels fixes et insolubles, notamment le phosphate de chaux. C'est pour cela que je vous signalerai ces derniers en même temps que les noirs d'os, les cendres d'os et les phosphates fossiles (1).

D. *Qu'est-ce que la poudrette ?*

R. C'est le produit de la dessiccation ou séchage des matières solides contenues dans les excréments humains.

D. *Les matières solides des excréments sont-elles plus riches que les liquides ?*

R. Un homme rend en moyenne et par jour 171 gr. de matières solides et 1 kilogr. d'urine au moins,

$$\text{c'est-à-dire :} \begin{cases} \text{par les urines.. .. } 10^{gr}68 \text{ d'azote,} \\ \text{par les excréments} \\ \quad \text{solides........ } 0^{gr}42 \end{cases}$$

Vous voyez que, comme source d'azote, les produits liquides sont les plus précieux ; c'est vous dire le soin avec lequel un cultivateur devrait recueillir, puis verser sur son tas de fumier ou sur des matières absorbantes toutes les urines de sa maison.

D. *Est-ce que ces chiffres ne sont pas variables selon l'âge, la taille, la santé des individus ?*

R. Évidemment oui, aussi tous les chimistes ne

(1) J'ai proposé une classification très-simple des guanos *naturels* selon qu'ils sont riches en phosphates et en azote, comme le guano péruvien, ou presque dépourvus d'azote comme le Mexillones, le Baker, etc. J'appelle les premiers *nitro-guanos* et les seconds *phospho-guanos*.

sont-ils pas d'accord dans leurs évaluations; les uns portent à 427 kilogr. par an la quantité de matières liquides et solides rendues, les autres l'élèvent à plus de 480 kilogr. Ce qui est certain, c'est qu'en moyenne ces excréments totaux représentent plus de 150 francs pour une famille de dix personnes.

D. *La quantité de 171 grammes de matière solide rendue par un homme en 24 heures représente-t-elle de la substance sèche?*

R. Non. Cette matière solide contient 77 0/0 d'eau environ ; c'est pour cela que, dans les localités où les cultivateurs n'emploient pas les matières de vidange à l'état pâteux et telles qu'on les retire des fosses d'aisance, le commerce fait dessécher ces substances : elles sont ainsi transformées en poudrette dont le transport et la vente sont faciles.

D. *Quelle est la composition moyenne de la poudrette du commerce ?*

R. La poudrette des environs de Paris contient de 1,25 à 1,50 et quelquefois 1,70 0/0 d'azote. C'est également la richesse des poudrettes fabriquées à Nantes, à Bordeaux et dans quelques autres localités; quelquefois cependant, et lorsque les poudrettes sont fabriquées avec un soin exceptionnel, on y trouve jusqu'à 2 0/0 d'azote et même plus (1).

(1) En ce moment la Compagnie concessionnaire des matières fécales et urineuses de Paris, fabrique des poudrettes qu'elle enrichit en azote par l'addition de salpêtre.

D. *Quelles sont les autres matières que renferme la poudrette ?*

R. De la matière organique, des sels de chaux, des phosphates, du sable et de l'humidité.

D. *La poudrette est-elle toujours le simple produit de la dessiccation des matières de vidange ?*

R. Non. Quelquefois on mélange ces matières avec des tourbes sèches qui facilitent l'évaporation de l'humidité. A Nantes, on opère ainsi et on obtient des poudrettes contenant de 1,60 à 1,80 et 2 0/0 d'azote. Dans les poudrettes de cette dernière ville, dont l'hectolitre de 75 kilogrammes se vend 2 fr. 75, j'ai trouvé en moyenne 20 0/0 d'eau et 23 0/0 de terre et de sable.

D. *Comment peut-on reconnaître qu'une poudrette est falsifiée ?*

R. En la faisant analyser par un chimiste qui dosera l'humidité, le sable, la matière organique, les phosphates et l'azote qu'elle renferme. Les phosphates d'une bonne poudrette s'élèvent généralement à la dose de 5 à 6 0/0.

D. *La poudrette est-elle, en somme, un bon engrais ?*

R. C'est un excellent engrais dans les terrains calcaires, mais dans les sols siliceux et argileux, où réussit le noir animal, la poudrette a l'inconvénient de *pousser à la paille;* il convient donc, ou de l'employer mélangée à des phosphates ou dé la destiner à un but tout spécial, comme la culture des prairies ou la production des légumes. Ce que je vous dis là est le fruit d'une longue expérience (1).

D. *On nous a dit que, sur le bord de la mer, la poudrette donnait de bons résultats, même dans les terrains siliceux et argileux.*

R. Cela est exact; mais au bord de la mer, le calcaire, sous des formes nombreuses, — sables, débris de coquilles, moules fraîches, goëmons, etc., — intervient dans les cultures et modifie la constitution primitive du terrain. Je ne sais même pas jusqu'à quel point les vapeurs continuelles de la mer n'influent pas sur la richesse des terres en principes minéraux.

D. *Est-ce que vous ne nous parlerez pas maintenant de l'emploi des matières de vidange à l'état liquide ?*

R. Non, cela nous entraînerait trop loin ; mon but est surtout d'appeler votre attention sur l'achat et l'emploi des principaux engrais du commerce. Cette fois encore, je vous renverrai au petit livre de M. de Girardin, intitulé : *Des Fumiers.* Vous y trouverez de fort intéressants détails sur l'engrais humain, et vous verrez quel énorme parti ont su en tirer les agriculteurs de la Flandre (2).

(1) En Chine comme en France, on a reconnu que la poudrette employée seule développe trop exclusivement les feuilles. (*Enquête sur les engrais industriels*, page 607.)

(2) Consulter aussi mes *Leçons de chimie agricole.*

Ce que je puis toutefois vous affirmer d'une manière générale, c'est que vous auriez grand avantage à imiter les cultivateurs du Nord, qui conservent les matières fécales dans de grandes citernes bien maçonnées où elles subissent une fermentation et d'où on les extrait ensuite pour les répandre sur les champs. Il y a des villes, — Nantes par exemple, — où ces précieux engrais pourraient être enlevés à vil prix par un cultivateur intelligent et le transport dans des citernes ne les grèverait pas d'une somme qui pût éloigner de leur emploi.

D. *Parlez-nous du guano péruvien.*

R. Ce guano est un engrais dont l'odeur forte rappelle tout à la fois l'alcali volatil et la bête fauve. Il est en poudre grossière, ou en volumineuses mottes de couleur janne plus ou moins foncée, selon qu'il est plus ou moins humide, et on y trouve des fragments dont la cassure est d'un jaune terne.

D. *Quelle est l'origine de cet engrais ?*

R. On attribue la formation du guano à l'accumulation de fientes d'oiseaux. En somme, c'est un composé dans lequel on trouve tout à la fois des fientes d'oiseaux, des plumes, des débris de poissons et d'oiseaux. Le temps, la chaleur, la compression ont déterminé la transformation partielle de cette masse dont la composition est assez régulière.

D. *Le guano du Pérou a-t-il toujours la même origine ?*

R. Non. Il y a du guano d'oiseaux, mais on con-

naît aussi du guano de phoques, marsouins, etc.
Les cadavres de ces animaux, leurs excréments,
des débris de poissons dont ils font leur nourriture,
tout cela ramolli, soudé, modifié par la décomposition
chimique, constitue un guano particulier qu'on
appelle dans le pays *guano de lobos* (ou de loups
de mer).

D. *Que renferme le guano du Pérou?*

R. Pendant longtemps les îles Chincha, seules
exploitées, fournissaient un guano de composition
uniforme dans lequel j'ai trouvé, comme moyenne
de nombreux essais :

Matières organiques . . . . }	54,27
Sels ammoniacaux. . . . . }	
Phosphates de chaux et de potasse . .	23,40
Sels alcalins	2,49
Humidité	18,50
Sable.	1,20
	100,00

Azote contenu dans 100 parties de guano.   13,56

L'épuisement des îles Chincha a fait attaquer de
nouveaux gisements connus sous les noms de
Guanape et Macabi. Ce sont les guanos péruviens
offerts aujourd'hui à l'agriculture.

D. *Ces guanos sont-ils aussi riches que les gua-*
nos Chincha ?

R. Voici la moyenne des analyses assez nombreuses que j'ai faites sur des chargements expé-

diés à Saint-Nazaire, à Dunkerque, au Havre et à Bordeaux :

Humidité	25,50
Matières organiques et sels ammo-	
niacaux.	39,50
Sable.	1,50
Acide phosphorique	13,00
(Représentant 29 de phosphate de	
chaux des os.)	
Chaux combinée a l'acide phospho-	
rique, sels calcaires et alcalins. .	20,50
	100,00
Azote.	11,25 0/0 (1).

Telle est la composition moyenne des chargements que j'ai examinés, et j'ai cru remarquer qu'au fur et à mesure de l'avancement de la nouvelle exploitation, l'humidité tendait à diminuer et la composition générale à devenir plus régulière : c'est un point, au surplus, sur lequel on ne tardera pas à être fixé.

D. *Quel est aujourd'hui le prix du guano péruvien ?*

R. Il est vendu 36 fr. 15 c. les 100 kilogrammes, si on l'achète par quantités inférieures à 30,000 kilogrammes et seulement 33 fr. 15 c. les 100 kilogrammes pour des quantités supérieures à 30,000 kilogrammes. Il est donc de l'intérêt des cultivateurs de s'associer dans leurs achats.

D. *Cet engrais est-il fraudé ?*

R. Il ne faut pas en douter; les fraudes sont

(1) Quelquefois ce chiffre s'élève de 12 à 13 et même a plus de 13 0/0; dans de grosses mottes grises d'aspect argileux trouvées dans le guano Macabi, j'ai dosé plus de 14 0/0 d'azote.

même de nature à éveiller assez souvent l'attention des tribunaux. Je vous en ai déjà parlé en vous citant quelques-uns des renseignements fournis par les *laboratoires d'essai* aux agriculteurs soucieux de leurs intérêts.

D. *Comment fraude-t-on le guano du Pérou ?*

R. De bien des manières : on le mélange avec des sables jaunes très-fins, avec du phosphate fossile, de la marne jaunâtre (1) ; mais ces moyens sont grossiers et de moins en moins employés, parce que la facilité de faire analyser les guanos augmente chaque jour. La plupart des falsifications consistent aujourd'hui à mélanger du guano péruvien avec des guanos *non azotés*, mais d'une belle couleur jaune, tels que les guanos de Malden-Island, de Swan, de Baker, de Mexillones, etc. Ces matières, ne renfermant pas sensiblement d'azote, sont à bas prix dans le commerce. On les mélange donc avec le vrai guano ; on a grand soin de répartir dans les sacs quelques-unes de ces mottes bien intactes qui sont caractéristiques de la provenance péruvienne, et on place sur les sacs un plomb de la même dimension que ceux du Pérou.

D. *Ces mélanges ont-ils une fâcheuse action sur les terres?*

R. Lorsqu'ils sont faits avec du guano pur et

(1) J'ai reçu du Havre, en 1869, une substance qu'on vendait 22 francs les 100 kilogr., et qui avait l'aspect du guano péruvien ; elle renfermait : Eau volatile ou rouge. 15,50
Argile ferrugineuse . 71,00
Carbonate de chaux. . 13,50
Total 100,00

des terres jaunâtres il faut les rejeter impitoyablement; mais, lorsqu'ils sont le produit d'un mélange de guano riche en phosphate avec le guano péruvien, ils peuvent convenir parfaitement à certains terrains, et il y a quelquefois sagesse à les employer, — à la condition de les payer ce qu'ils valent,—en tout cas, il serait beaucoup plus sage de faire ses mélanges soi-même que de les acheter tout faits par le marchand.

D. *Lorsque le cultivateur veut employer du guano péruvien non mélangé, a-t-il un moyen facile d'éviter la fraude ?*

R. Il en a plusieurs, qui sont les suivants :

1° L'association d'un certain nombre d'agriculteurs en vue d'acheter des quantités importantes chez les consignataires du gouvernement péruvien (1);

2° L'examen attentif du plomb qui est placé à l'ouverture des sacs, et qui doit être identique au modèle ci-dessous :

(1) Des dépôts sont établis à Bordeaux, Brest, Cherbourg, Dunkerque, Le Havre, La Rochelle, Lyon, Marseille, Cette, Melun, Nantes, Paris, Saint-Nazaire.

3º La mention sur la facture des mots suivants : GUANO DU PÉROU GARANTI PUR ;

4º La vérification de la richesse, qui est opérée gratuitement dans la Loire-Inférieure, et dans plusieurs autres départements, toutes les fois qu'elle est demandée par un cultivateur.

D. *Certains guanos mélangés ne sont-ils pas vendus avec des plombs semblables à ceux du gouvernement péruvien ?*

R. Il est très-vrai que certains marchands peu scrupuleux imitent *autant que possible* le plomb péruvien, mais la ressemblance disparaît dès qu'on regarde les choses de près. C'est ainsi que vous trouverez des sacs identiques par l'étoffe à ceux du gouvernement péruvien et portant des plombs de la même dimension que les siens. Vous remarquerez sur ces plombs tantôt une gerbe, tantôt une étoile, quelquefois même une corne d'abondance; mais avec un peu d'attention, vous trouverez des différences dans l'inscription. Le nom de MM. Dreyfus frères et Cie ne s'y trouvera pas, et au lieu des simples mots *Guano du Pérou*, vous lirez :

Guano du Pérou et de Patagonie.

Guano du Pérou mixte.

Guano du Pérou combiné.

Guano du Pérou et Swan.

Guano du H^t-Pérou (ce qui veut dire du haut Pérou, ancien nom de la Bolivie).

Guano perfectionné.

Refusez invariablement les guanos vendus sous ces marques, et souvenez-vous une fois pour toutes qu'un bon mélange, — et il en est, — qu'un guano du Pérou traité par un acide en vue de fixer son azote, — et il y a souvent avantage à adopter cette méthode, — ne doivent pas être présentés au consommateur sous des appellations mensongères ou avec des apparences propres à amener la confusion. « Marcher droit et parler haut » telle est la devise des commerçants honnêtes ; n'ayez garde de l'oublier.

D. *Maintenant que nous sommes éclairés sur ce qui concerne le guano pur, parlez-nous des guanos mélangés.*

R. Il peut y avoir avantage à enrichir de phosphates un guano péruvien en le mélangeant à des guanos non azotés, ou à des phosphates tels que ceux de Malden-Island, Mexillonnes, Navassa, etc. On peut également mélanger un guano azoté avec du noir animal : cela sera motivé dans certains terrains non calcaires où l'on craindrait que le guano péruvien poussât un peu trop au développement de la paille ou des feuilles ; toutes ces pratiques sont du domaine de l'expérience et de l'observation. Certains industriels ou même des agriculteurs arrosent le guano péruvien avec de l'acide sulfurique. Ils obtiennent ainsi ce double avantage de rendre l'azote plus fixe et les phosphates plus solubles (1), mais toutes ces pratiques doivent avoir lieu au

---

(1) Le *guano-azote fixé* est obtenu dans ces conditions.

grand jour et sans dissimulation de leur but. A ces conditions, la production des guanos loyalement mélangés ne saurait être que digne d'encouragement.

D. *L'emploi du guano péruvien dispense-t-il des engrais d'étable ?*

R. Rien ne dispense des fumures ordinaires. Elles sont, ne l'oubliez jamais, la base de l'agriculture rationnelle, et l'usage exclusif du guano, ainsi que de beaucoup d'engrais commerciaux analogues, aurait de graves inconvénients (1) ; mais ce qui en a de plus graves encore, c'est l'apathie des cultivateurs, lorsqu'ils font acquisition de cette précieusé substance.

(1) Voici les conclusions d'un savant agriculteur à cet égard :

1° On ne peut généralement compter avec quelque certitude sur les bons effets du guano et des engrais artificiels qu'autant qu'ils trouvent dans le sol de la *vieille force* résultant d'anciennes fumures ou de débris organiques, tels que racines de trèfle, etc.;

2° Sous l'empire d'une sécheresse persistante, non-seulement le guano ne produit pas toute son action, mais il peut même exercer une influence fâcheuse sur la végétation ;

3° Le guano, dissous dans l'eau, agit d'une manière très-remarquable sur les plantes qu'on arrose avec cette dissolution, et cette action est d'autant plus intense que, pour une même quantité d'engrais, les arrosages se répètent plus souvent et à petites doses ;

4° Par l'emploi exclusif du guano continué pendant plusieurs années, les terres fortes se tassent et les terres légères perdent de leur cohésion ; sans compter que le guano ne produit pas dans le sein de la terre la chaleur humide qu'y développe la fermentation du fumier d'étable ;

5° Dans l'état actuel de l'agriculture, il est impossible de se passer du fumier d'étable. Les engrais végétaux ou les fumures vertes peuvent seules le remplacer jusqu'à un certain point.

(*Voy.*, pour plus de développements, mes *Leçons de chimie agricole*, 2e édition, librairie G. Masson.)

D. *Qu'est-ce qu'un guano artificiel ?*

R. On a souvent donné ce nom à des engrais qui ne ressemblent ni par l'origine ni par la composition chimique au guano péruvien, mais qui sont riches en azote et en phosphates.

D. *Comment fabrique-t-on les guanos artificiels ?*

R. En mélangeant des éléments phosphatés, tels que poudre, menus fragments, râpures, cendres ou charbons d'os, avec des éléments azotés comme chairs, sang, débris de poissons, cornes, cornes grillées, sels ammoniacaux, et en y ajoutant quelquefois des sels de potasse.

D. *Quelle est la richesse de ces engrais ?*

R. Elle est extrêmément variable selon les fabricants, les prix de vente et les cultures auxquelles l'engrais est destiné.

Voici quelques analyses d'engrais dits *guanos artificiels* relevées sur le registre de mon laboratoire. Les fabricants qui les produisent ne leur donnent pas tous la désignation de *guanos artificiels ;* toutefois je les ai rassemblés dans une même catégorie, parce que les consommateurs les désignent fréquemment de la même manière.

DÉSIGNATION.	PROVENANCE.	EAU.	MATIÈRES ORGANIQUES.	SELS ALCALINS.	PHOSPHATE DE CHAUX.	SUBSTANCES NON DOSÉES.	AZOTE DANS 100 PARTIES.
Guano artificiel Derrien.	Nantes.	16,40	35,60	»	29,8	18,20	4,23
Idem.	»	20,00	42,50	»	26,50	11,00	7
Engrais Pichelin, dit guano de Lamo te-Beuvron	Lamotte-Beuvron.	12,00	»	»	35 à 40	»	6 à 7
Engrais Jaille.	Agen.	8 à 12 %	45 à 60	»	15 à 20	»	7 à 10
Guano artificiel Français (cauchois)	Creil.	»	38	3,20	30	28,80	4,56
Engrais Laracine.	Lyon.	32,60	38,90	»	16,50	12,00	4,74
Guano de poissons Rohart. . . .	Norvége.	10,00	56,40	0,89	30,10	2,61	8,60
Guano artificiel (têtes de sardines dégraissées). Auvilain [1].	Le Croisic.	5	69,90	3	12,00	10,10	4,85
Guano artificiel Leroux [2].	Nantes.	14	62	1,0	17,90	5,1	11,72
Engrais Coignet.	Paris-Lyon.	8	7	48,8	»	33	77

[1] Cette fabrication était effectuée au moyen du dégraissage des têtes et débris de sardines par le sulfure de carbone, que j'ai expérimenté et proposé en 1868. (*Journal d'agr. pratiq.*, *Bulletin de la Soc. impériale et centrale d'agr.*, *Annales dela Soc. académ. de Nantes.*)

[2] Obtenu par la torréfaction des cornes et os.

L'inspection de ces chiffres vous démontrera facilement la différence qui existe entre les divers engrais mixtes du commerce, et par suite la nécessité de n'en faire l'acquisition qu'avec garantie d'analyse. Autant que possible, tâchez de ne pas payer l'azote des engrais plus de 2 fr. 50 c. le kilogramme, et le phosphate de chaux plus de 25 à 30 centimes. Je ne vous donne du reste ces chiffres que comme des *à peu près*. C'est tout ce que peut faire un chimiste qui a vu de près les choses de la pratique.

D. *Est-ce que l'azote ou le phosphate des divers engrais a toujours la même valeur ?*

R. Non. La valeur des principes azotés ou phosphatés varie en raison de leur nature chimique, de leur état de cohésion, de dureté, de division, et, en un mot, de leur aptitude à se décomposer plus ou moins dans le sol pour fournir la nourriture aux plantes.

D. *Pouvez-vous citer des exemples à l'appui de ce principe ?*

R. En voici de très-simples. L'azote contenu dans les os, n'a pas la même valeur que l'azote contenu dans le sang ou la chair desséchée, car il est très-lentement assimilable. L'azote du sulfate d'ammoniaque est moins susceptible d'évaporation en pure perte que celui du carbonate d'ammoniaque ou de l'ammoniaque libre ; l'azote de la chair musculaire a plus de valeur à son tour que l'azote des débris de cuir. Le phosphate de chaux des pierres extraites du sol vaut moins que celui des os, car il agit plus lentement. Il faut donc faire analyser les engrais, mais il faut aussi s'enquérir de l'origine des substances qui les constituent.

D. *Je croyais que les chimistes pouvaient déterminer aussi exactement la valeur agricole des engrais qu'un bijoutier fixe le prix d'un morceau d'or ou d'argent.*

R. C'est une erreur à laquelle conduit *un peu* de science et dont une plus grande somme de science guérit tôt ou tard. Le chimiste peut vous renseigner *très-exactement* sur la pureté d'un guano, d'un noir animal, d'une poudrette, d'un phosphate fossile ; il peut même vous en déterminer *à peu près* la valeur agricole, c'est-à-dire *l'action utile dans le champ*, mais le meilleur chimiste en pareil cas c'est encore la plante, de même que le meilleur juge d'un aliment ce n'est pas le médecin, quelque savant qu'il soit, mais notre estomac.

CINQUIÈME ENTRETIEN

D. *Nous savons que les os, comme tous les débris animaux, sont de bons engrais. Pouvez-vous ajouter quelque chose aux notions que nous possédons sur ce sujet ?*

R. Je puis tout d'abord éveiller votre intérêt en vous expliquant le mode d'action de l'os en agriculture : je puis également vous donner des renseignements utiles sur la manière la plus profitable de l'employer.

D. *Comment l'os est-il formé ?*

R. Par l'enchevêtrement de deux substances distinctes : l'une combustible appelée *matière animale, osséine*, qu'on peut transformer en *gélatine* ou *colle forte ;* l'autre fixe, blanche, et qui forme la cendre des os brûlés ; c'est un mélange presque entièrement composé de phosphate et de carbonate de chaux. Voici des expériences bien simples qui ne laissent aucun doute à cet égard ; un instituteur peut les répéter devant ses élèves.

Ue fragment d'os, placé dans du vinaigre ou dans de l'acide muriatique du commerce, se ramollit promptement. Les sels calcaires (phosphate et carbonate) se sont dissous.. L'*osséine* ou matière animale, combustible, transparente et molle, reste inattaquée.

Un fragment d'os, jeté dans un foyer, brûle en donnant une magnifique flamme blanche ; l'os noircit, puis bientôt blanchit, et enfin il reste un fragment calcaire poreux, une cendre, en un mot, dans laquelle l'analyse fait reconnaître la présence du phosphate et du carbonate de chaux.

Ainsi : un réseau de sels calcaires et un réseau de matière animale, unis l'un à l'autre et pouvant être éliminés l'un ou l'autre sans que la forme générale soit altérée : voilà l'os.

D. *L'os ne renferme-t-il pas de matière grasse?*

R. L'os renferme 9 à 10 pour 100 de graisse, dont on recueille la moitié ou les deux tiers dans l'industrie.

D. *Quelle est la composition chimique d'un os ?*

R. Elle varie légèrement selon la place que l'os occupait dans le squelette de l'animal : ainsi les côtes diffèrent un peu des os de la jambe ; d'autre part, les os du commerce sont plus ou moins humides, plus ou moins mélangés à des substances étrangères. Quoi qu'il en soit, les nombreuses analyses de poudres et râpures d'os que j'ai faites m'ont donné des chiffres qui se rapprochent assez sensiblement les uns des autres ; les voici :

DÉSIGNATION.	HUMIDITÉ ET MATIÈRE ANIMALE COMBUSTI- BLE.	PHOSPHATE DE CHAUX.	SABLE INSOLUBLE ET INERTE.	CARBONATE DE CHAUX, ETC.	AZOTE DANS 100 PARTIES.
Râpures d'os.	37,88	51,00	4,80	6,32	3,20
Débris d'os. .	41,71	47,00	1,50	4,80	5,00
Poudre d'os ayant fer- menté. . .	»	»	»	»	»
Poudre d'os fabriquée à Nantes. .	37,70	45,70	12,50	4,10	2,82
Idem.	42,00	39,78	10,90	7,40	3,90

L'os nous offre donc une source de matière azotée, d'acide phosphorique, de chaux, dont la désagrégation lente explique l'excellente action comme engrais. La perte du moindre fragment d'os est un crime, et vous devez vous attacher avec le plus grand soin à recueillir ces matières, à les diviser et à les introduire dans vos fumiers.

D. *L'os agit-il rapidement comme engrais ?*

R. Il agit lentement, parce que l'union de la matière animale avec les sels calcaires est très-intime et s'oppose énergiquement à la décomposition de la masse.

D. *Comment peut-on activer l'effet des os ?*

R. En les concassant en petits fragments qu'on met dans les fumiers, en les grillant légèrement dans un four, de manière à les jaunir *sans les carboniser;* ils deviennent alors très-friables et on peut aisément les réduire en poudre avec un maillet (1). Sachez aussi que le dégraissage des os par leur passage dans l'eau bouillante rend leur fer-

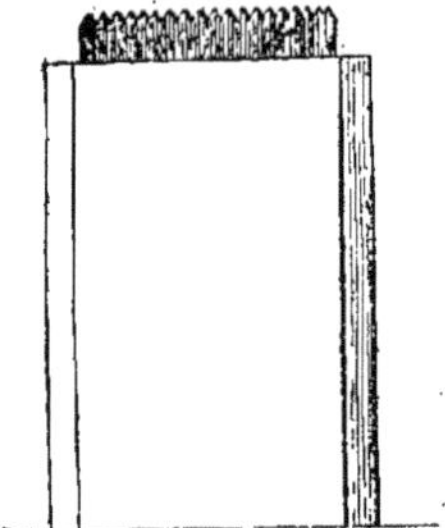

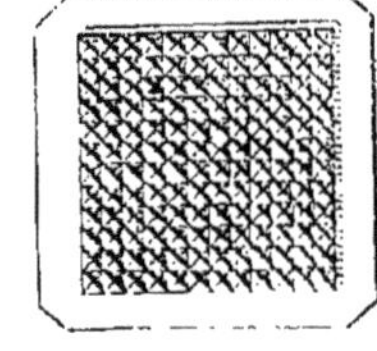

Fig. 3. Billot à écraser les os.   Fig. 4. Plaque de fer à pointes de diamant qui surmonte le billot.

mentation plus facile. Les os en poudre sont, en Angleterre, l'objet d'une grande faveur de la part

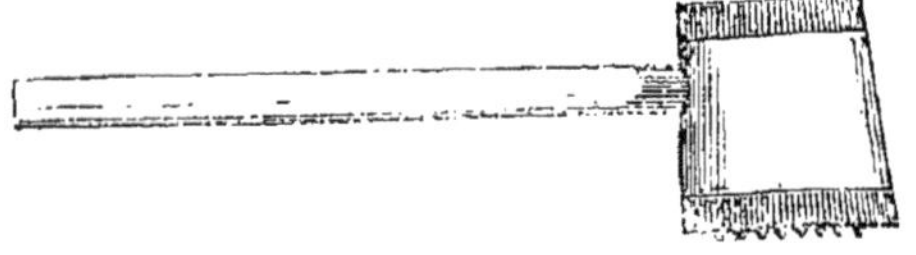

Fig. 5. Masse pour écraser les os.

(1) La même opération, appelée *torréfaction,* peut être effectuée avec de la vapeur à haute température qu'on appelle *surchauffée.*

des cultivateurs (1); en France, on les emploie moins, mais ils entrent chez l'agriculteur sous forme de noir animal ou comme faisant partie de beauconp d'engrais composés.

D. *Les os en poudre ou en râpures sont-ils fal-sifiés ?*

R. Ils contiennent très-souvent du sable ou de l'humidité en excès, et il est bon d'avoir recours à l'analyse pour s'assurer de leur qualité.

Je ne prétends pas que le sable, dont cette analyse fait reconnaître la présence dans les os, ait toujours été introduit avec désir de tromper, mais l'agriculteur doit comprendre qu'il ne doit pas payer une matière inerte comme un engrais actif.

Un bon cultivateur doit rechercher tous les moyens économiques de diviser les os, soit en les grillant légèrement et les réduisant ensuite en poudre, soit en les broyant après les avoir simplement dégraissés.

Vous venez de voir le dessin d'un billot et d'une masse à écraser les os. Voici, maintenant, en quoi consiste le *casse-os Rohart.*

(1) A Hull (comté d'York) et dans les environs de Londres, on compte un grand nombre de moulins pouvant broyer 20,000 kilogr. d'os par jour.

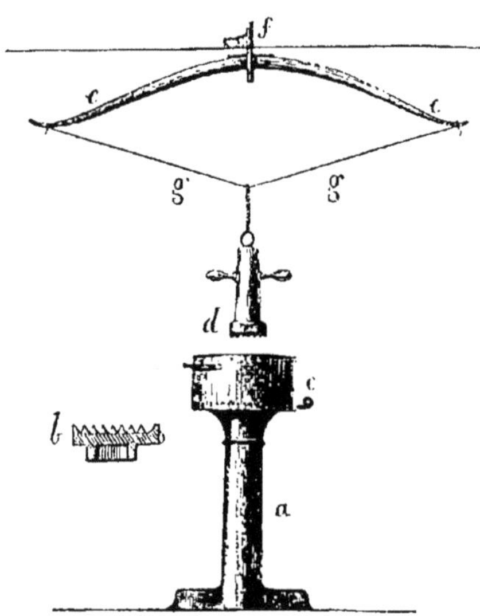

Fig. 6. Casse-os Rohart (1).

D. *Qu'appelle-t-on os dégélatinés?*

R. Ce sont de très-bons engrais provenant des fabriques de colle forte. Dans ces fabriques on a fait bouillir les os pour éliminer l'*osséine* ou matière

(1) Cet instrument consiste tout simplement : 1º en un billot A à tête de fonte cannelée B, surmonté d'une cuvette en fonte C a charnière mobile, faisant office de mortier; 2º en une mailloche D, dont la tête est taillée en pointes de diamant, et dont le milieu est traversé par une double poignée en croix; 3º d'une perche en bois flexible E E, courbée en forme d'arc, fixée par son centre au plafond F, et garnie d'une forte corde G G, à laquelle est suspendue la mailloche. Celle-ci peut donc être facilement élevée ou abaissée sur les

organique, et la livrer au commerce sous le nom de *gélatine* ou colle forte; il est donc resté comme résidu de cette opération une véritable éponge de sels calcaires : mais la matière organique n'ayant pas été entièrement enlevée, il en existe assez pour déterminer dans l'engrais une fermentation favorable et un dégagement d'azote sous forme d'ammoniaque. A l'état normal, comme je vous l'ai dit, l'os se décompose difficilement, et il est permis de se demander si, malgré la déperdition de matière animale qu'il a subie, l'*os dégélatiné*, — c'est ainsi qu'on l'appelle dans le commerce, — n'est pas quelquefois plus actif que l'os ordinaire en fragments grossiers (1). Je vous engage à faire des expériences pour vous en assurer.

D. *Quelle est la composition chimique des os dégélatinés ?*

os contenus dans la cuvette. La forme creuse de cette dernière permet d'éviter la projection des os en tous sens, et quand il s'agit de la décharger, on découvre la tête du billot, on balaye sa surface, on replace la cuvette et on fait une nouvelle charge.

Deux ou trois cents kilogrammes d'os *torréfiés*, c'est-à-dire *roussis* au four, peuvent être facilement réduits en poudre, en un jour, à l'aide du *casse-os*.

(1) Ici encore l'analyse chimique ne dit pas tout, puisque souvent l'os appauvri d'azote donnera un résultat utile plus grand que l'os à l'état frais.

R. Voici les chiffres de mes dernières analyses.

PROVENANCE.	HUMIDITÉ.	MATIÈRE ANIMALE COMBUSTIBLE.	RÉSIDU INSOLUBLE INERTE.	PHOSPHATE DE CHAUX.	CARBONATE DE CHAUX, ETC.	AZOTE DANS 100 PARTIES.
Inconnue.	17,00	23,20	5,60	43,00	11,20	»
Paris.	7,00	21,35	traces	66,00	5,65	1,42
Niort.	8,00	18,00	1,00	67,00	6,00	»
Idem.	10,00	18,00	2,00	65,00	5,00	0,94
Idem.	5,30	20,00	3,40	67,40	3,90	1,80

D. *Quels sont les autres produits d'os que l'on trouve dans le commerce des engrais?*

R. On y trouve des *cendres d'os* qui viennent de l'Amérique du Sud, mais qui sont en général achetées par les fabricants d'engrais composés ; ces cendres contiennent de 65 à 85 0/0 de phosphate de chaux. On y trouve enfin l'engrais, si connu aujourd'hui sous le nom de *noir animal*, et dont j'ai à vous entretenir longuement.

D. *Qu'est-ce que le noir animal?*

R. C'est la matière noire obtenue lorsqu'on chauffe les os à la température rouge, dans un vase parfaitement fermé (1).

(1) Jusqu'à ce jour la carbonisation s'opérait dans des fours à marmites, mais on commence à la pratiquer dans des cylindres en fonte ou en terre, de manière à recueillir l'azote, qui autrefois était perdu. Cet azote est obtenu sous forme d'ammoniaque et transformé en sulfate d'ammoniaque qui est un précieux engrais. Quelquefois on emploie des marmites symétriquement disposées dans de grandes cornues.

D. *En quoi le noir animal diffère-t-il de l'os ?*

R. En ce que la substance que nous avons appelée *osséine* a été décomposée par la chaleur, et qu'à sa place il n'est resté qu'un résidu de charbon tapissant la partie calcaire et fixe de l'os.

D. *Le charbon d'os, ou noir animal, contient donc et des sels calcaires et du charbon ?*

R. Précisément.

D. *Dans quelles proportions ces principes sont-ils associés?*

R. Voici ce que révèle l'analyse :

DÉSIGNATION.	CHARBON AZOTÉ.	SABLE.	PHOSPHATE DE CHAUX.	Carbonate de chaux, sels solubles, oxyde de fer.	AZOTE DANS 100 PARTIES.
Noir en grains . .	10,8	2,8	81,7	4,7	0,95
Noir en poudre. .	12,6	2,7	73,1	11,6	1,12

D. *Pourquoi la composition de ces deux noirs n'est-elle pas la même ?*

R. Parce que le blutage sépare les portions les plus tendres de l'os, et que celles-ci fournissent plus de charbon et moins de sels calcaires que les autres.

D. *Nous voyons par l'analyse que le noir d'os contient beaucoup moins de charbon que de sels calcaires.*

R. C'est vrai. Du reste, je vous ai cité ici la composition d'un noir parfaitement carbonisé, et il arrive souvent que la dose de charbon azoté s'élève à 14 ou 15 0/0. — Quoi qu'il en soit, les propriétés absorbantes et désinfectantes du noir animal tiennent autant à la manière dont le charbon est réparti dans ses milliers de pores ou cavités, qu'à la quantité même de ce charbon.

D. *Les agriculteurs emploient-ils le noir animal neuf?*

R. Rarement. Il est trop cher.

D. *Quelle serait son action sur la terre?*

R. Dans les terres dépourvues de sels calcaires, il apporterait surtout la chaux et l'acide phosphorique ; dans les terres de landes en défrichement, il offrirait d'autres avantages : il neutraliserait en effet les acides du sol ; par ses propriétés absorbantes, il fixerait, d'autre part, les gaz fertilisants et en localiserait l'action ; enfin, il favoriserait la formation du *salpêtre* (1), qui est un engrais fort actif.

(1) Le salpêtre est le produit de la combinaison d'une substance telle que chaux, potasse, soude, magnésie avec l'acide nitrique ou azotique formé de deux éléments de l'air, qui sont l'oxygène et l'azote. Dans l'eau de pluie on trouve toujours un peu de cet acide.

D. *Si le noir d'os, neuf ou vierge, n'est pas employé par les agriculteurs, à quel usage est-il donc destiné ?*

R. A la la fabrication du sucre. Dans les *sucreries*, on emploie le noir en grains pour décolorer les sirops et les dépouiller du grand excès de chaux que le travail y a introduit ; dans les *raffineries*, on emploie du noir en grains pour le même but; et du noir fin pour la clarification du sucre.

D. *Pourquoi établissez-vous une distinction entre les sucreries et les raffineries?*

R. Les sucreries sont les usines où on extrait le sucre des végétaux qui le contenaient, — de la betterave par exemple, — tandis que les raffineries sont les établissements destinés à faire subir au *sucre brut* une simple purification, et à l'amener à l'état de *sucre en pains*.

D. *Quels sont les changements que subit le noir animal lorsqu'il a servi dans les usines?*

R. Dans les sucreries, le *noir en grains* s'est surtout chargé de carbonate de chaux, et comme par des fermentations, des lavages et des calcinations successives, on le *revivifie* constamment, il arrive à perdre de plus en plus sa matière charbonnée, et devient enfin gris, lourd et dépourvu de propriétés absorbantes, car ses pores sont obstrués par la matière calcaire ; alors, on le vend aux marchands d'engrais, qui le plus souvent le réduisent en poudre et le mélangent avec de la tourbe animalisée et des substances analogues (1).

Dans les raffineries, la transformation qui s'opère est plus compliquée. Le noir en poudre est jeté dans le sirop à clarifier qui a déjà reçu un peu de bouillie de chaux ; on ajoute à ces matières du sang de bœuf et on porte le liquide à l'ébullition, le noir se fige bientôt, et l'écume qui se forme à la surface du sirop·emprisonne le noir et de la chaux ; cette écume est jetée sur des filtres en coton et bien lavée ; on la presse et on la livre aux cultivateurs sous le nom de *résidu* ou *noir de raffinerie*.

D. *Nous voyons qu'il y a une grande différence entre le noir de sucrerie et le noir de raffinerie ; l'analyse chimique indique-t-elle cette différence?*

R. Non-seulement l'analyse indique cette différence d'origine, mais elle permet de reconnaître que dans telle raffinerie on met plus ou moins de sang, relativement au noir, dans la chaudière à clarifier. Du reste, l'aspect, la finesse, l'odeur des noirs est caractéristique. Voici des chiffres fournis par l'analyse :

(1) Il n'est pas question ici, bien entendu, du noir en grains que les raffineurs mettent dans leurs filtres et qui ne se charge guère que de principes colorants.

DÉSIGNATION.	CARACTÈRES EXTÉRIEURS.	RICHESSE EN PHOSPHATE DE CHAUX.	RICHESSE EN CARBONATE DE CHAUX.	AZOTE.
NOIRS DE SUCRERIES.				
Noir des sucreries du Nord.	Gros grains. — Couleur grise. —Odeur nulle. — Pesant 100 kilogrammes l'hectolitre.	66 à 75 %	16 à 25 %	Traces.
Noir venant de Liverpool.	Grain assez fin. — Couleur noire mate. — Odeur nulle. — 100 kilogrammes l'hectolitre.	72 à 85 %	4 à 10 %	Id.
NOIRS DE RAFFINERIES.				
Résidu de raffinerie de Nantes.	Matière spongieuse couverte de moisissures, — Mélange de poudre et de mottes dures. — Odeur spéciale de fermentation.	53 à 66 %	5 à 8 %	1,8 à 2 %
— — de Marseille.	Belle couleur noire. Idem.	65 à 69 %	7 à 9 %	1,7
— — du Havre.	Couleur brune forcée. — Odeur animale assez forte.	45 à 50 %	5 à 7 %	2
— — de Bordeaux.	Belle couleur noire. — Mottes et poudre exhalant une franche odeur de fermentation.	65 à 67 %	6 à 8 %	1,7

D. *Pourquoi ne mentionnez-vous pas l'humidité de ces divers noirs?*

R. Parce que cette humidité est très-variable et qu'il vaut mieux adopter un terme fixe de comparaison, c'est-à-dire l'état sec.

D. *Combien les noirs renferment-ils d'humidité?*

R. Les noirs de sucrerie en renferment de 3 à 10 0/0 en moyenne et les noirs de raffinerie 32 à 38 et quelquefois 40 0/0.

D. *Est-ce que le commerce n'offre pas aussi des noirs fins contenant* 80 à 83 0/0 *de phosphate de chaux?*

R. Oui, ce sont des noirs obtenus en carbonisant les os dégélatinés, — dans lesquels, vous le savez, il reste un peu de matière animale. — Ces noirs sont généralement vendus aux marchands d'engrais, qui les font entrer dans les mélanges.

D. *Vous ne nous parlez pas du principe animal ou de l'azote renfermé dans les noirs : pourquoi?*

R. Parce que ce sujet n'a d'intérêt qu'en ce qui concerne les noirs de raffinerie, dont nous aurons à nous entretenir dans quelques instants.

D. *Est-il vrai qu'il soit impossible, ou au moins très-difficile, de trouver du noir pur dans le commerce?*

R. C'est une assertion fausse que des esprits chagrins ou des marchands de mauvaise foi s'obstinent à propager ; la vérité, c'est qu'un cultivateur intelligent, qui veut payer le noir 15 francs l'hectolitre lorsqu'il vaut 15 francs et qui cherche à se rendre compte de la composition de ce qu'il achète, trouve *toujours* du noir non fraudé.

D. *Savez-vous à qui se vend le noir fraudé?*

R. C'est à ces laboureurs entêtés et ignorants, sur qui les enseignements désintéressés n'ont pas de prise ; c'est aux acheteurs séduits par un crédit à long terme — dont le taux d'intérêt est énorme ; — c'est enfin à ces braves gens qui, entre un noir à 15 francs l'hectolitre et un noir à 8 francs, choisissent le dernier et répondent invariablement à ceux qui voudraient les éclairer, comme certain Bas-Breton dont voici les paroles :

> Ludu du a zo a tao ar memez tra ludu du
> Le noir est toujours même chose, du noir

Croyez qu'il y a des négociants honnêtes qui aimeraient beaucoup mieux vendre du noir pur à bénifice raisonnable que d'avoir affaire à des intermédiaires qui falsifient cet engrais et perçoivent le plus clair des bénéfices.

D. *Comment le noir animal agit-il dans la terre?*

R. Je vous répondrai en admettant que le noir est employé seul. En pareil cas, il faut distinguer les deux sortes de noir dont je vous ai décrit tout à l'heure les caractères.

1° Le *noir de raffinerie* agit par l'azote (1,7 à 2 %) contenu dans le sang figé qu'il renferme ; cet azote, transformé en ammoniaque, devient la nourriture des plantes ; il agit aussi par sa chaux et son acide phosphorique, dont l'extrême division facilite la dissolution et l'absorption par les racines de ces plantes. A la dose de 4 ou 6 hectolitres par hectare, le noir produit d'excellents effets.

2° Le *noir de sucrerie*, qui ne renferme que des traces insignifiantes d'azote, est rarement employé en grains, et, comme je vous l'ai dit, il est surtout acheté par les fabricants d'engrais, qui le mélangent avec des substances animales ; cependant, lorsque son grain n'est pas trop gros, il produit de l'effet dans les terres riches en humus et dans les défrichements. On peut avantageusement le mêler à des fumiers, à des débris de poisson, à des matières de vidanges. Il est d'un emploi économique.

D. *Pourriez-vous nous donner quelques renseignements sur la valeur commerciale de ces différents noirs ?*

R. Volontiers. Je vous rappellerai tout d'abord que les analyses chimiques se font sur 100 parties en *poids de matière sèche*, et que les marchés se font sur *l'hectolitre de matière humide*. Or, voici deux exemples de vente :

I

Achat d'un noir de raffinerie.

1 hectolitre de ce noir est vendu 15 francs.

L'analyse qui vous est présentée indique que cet engrais renferme 63 % de phosphate de chaux.

Si vous voulez vous rendre un compte exact de ce que vous faites, voici les questions que vous devez chercher à résoudre :

Quel est le poids de l'hectolitre ?

Combien le noir renferme-t-il d'humidité ?

Or, l'hectolitre pèse, je suppose, 96 kilogrammes.

Séché sur une pelle, le noir perd 35 % d'eau.

Si 100 kilogrammes de noir contiennent 35 kilogrammes d'eau, les 96 kilogrammes formant l'hectolitre représentent donc :

```
Noir réel.............................  62k,400
Eau..................................  33k,600
                    Total.........  96k,000
```

Pour vos 15 francs vous avez donc 62k,400 de noir réel. Mais l'analyse établit que le noir sec et réel renferme 63 p. 200 de phosphate de chaux ; dans vos 62k,400 il y a par conséquent 39k, 312 (1) de phosphate de chaux. Or vous payez 15 francs : cela mettrait le phosphate de chaux à 38 francs les

(1) Il suffit de multiplier par le chiffre de l'analyse, qui est 63, la quantité de noir sec contenu dans un hectolitre et de diviser par 100 pour avoir la proportion exacte de phosphate qu'on achète.]

100 kilogrammes, si on faisait porter à cette matière tout le poids de la dépense ; mais vous ne devez pas oublier qu'il faut aussi payer :

1° La matière animale du sang ;

2° L'*état physique* de l'engrais, qui le rend propre à une action sûre et prompte.

D. *Je comprends bien qu'il faille tenir compte de la matière animale, c'est un poids de substance utile qu'on me livre : mais j'ai de la peine à admettre que ce que vous appelez l'état physique se paye. Expliquez-vous plus clairement.*

R. Vous savez que le pain rassis se digère mieux que le pain tendre. Eh bien, cela tient tout simplement à un *état physique* distinct et nullement à une perte d'humidité, comme on l'a cru longtemps. De même il y a du phosphate de chaux venant d'Espagne qui, bien que fort riche à l'analyse, agit lentement parce qu'il est dur, compacte et peu soluble. Or, si vous mettez 100 kilogrammes de phosphate d'Espagne et 100 kilogrammes de phosphate d'os dans la même pièce de terre, le phosphate d'os agira plus vite, bien qu'à la longue l'autre agisse également. L'intérêt de l'argent dépensé sera donc plus vite obtenu dans un cas que dans l'autre : la *propriété d'agir promptement* est donc une valeur réelle pour un engrais, et un noir de raffinerie *chaud* qui, par la fermentation de sa masse, fertilise sûrement et vite, doit être vendu plus cher, à composition égale, qu'un noir à action très-lente (1).

(1) J'essaye de multiplier les exemples tendant à établir clairement que la *valeur agricole* ne résulte pas toujours d'un simple chiffre fourni par l'analyse chimique.

II

Achat d'un noir de sucrerie en grains.

Un hectolitre de ce noir est vendu 12 francs.

L'analyse constate une richesse de 72 % de phosphate de chaux.

Il fant encore ici vous renseigner sur le poids de l'hectolitre, la dose d'humidité, etc., en un mot suivre la marche que je vous ai indiquée. Vous arrivez alors à constater que : si le noir pèse 100 kilogrammes l'hectolitre et renferme 5 % d'eau, on vous livre en réalité 95 kilogrammes de marchandise ; 95 kilogrammes de noir à 72 % de phosphate représentent 68 kil. 400 de ce principe fertilisant. Enfin les 68 kil. 400 étant payés 12 francs, les 100 kilogrammes sont vendus à raison de 17 francs.

D. *Comment ! voilà du phosphate payé 38 francs dans le premier cas et 17 francs seulement dans l'autre !... mais il y a donc folie à acheter du noir résidu de raffinerie ?*

R. Ne nous pressons pas de tirer une telle couclusion de cet examen des faits. Vous devez comprendre que les offres et les demandes de noir de raffinerie, qui se sont trouvées en lutte depuis de longues années, n'ont pas amené la fixation d'une valeur commerciale sans que cette valeur ait sa raison d'être. Cependant il faut reconnaître que l'agriculteur intelligent peut souvent trouver le phosphate à un prix plus avantageux que celui qui vous a justement frappé tout à l'heure.

D. *Je ne vous comprends plus.*

R. Je vais tâcher de me faire comprendre :
L'acheteur paye dans le noir résidu de raffinerie des choses de natures différentes. Il paye le phosphate de chaux et la matière azotée, mais il paye également :
L'*état physique*, c'est-à-dire la contexture, qui favorise le prompt effet sur la plante;
Puis la belle couleur noire, la finesse souvent très-grande, choses assez insignifiantes pour l'agriculteur, mais auxquelles les fabricants d'engrais ont donné une valeur réelle sur le marché; car, grâce à ces propriétés, une petite quantité de noir peut être mélangée à des tourbes ou à des substances analogues et donner au produit fabriqué l'aspect de résidu pur sortant de la raffinerie.

D. *Comme ces qualités particulières nous importent peu, il faut donc renoncer à acheter du noir de raffinerie ?*

R. Je ne serai pas aussi absolu. Il y a des circonstances où un engrais rapidement énergique peut être payé assez cher; toutefois, je vous recommande, en principe général, à vous cultivateurs qui ne recherchez que des effets et non des apparences, de ne jamais acheter les noirs résidus de clarification très-fins et très-beaux de couleur, et de choisir, parce que leur prix est plus avantageux, ces résidus du Havre, de Hollande, etc., dont la couleur est brune et l'odeur désagréable ; ces matières conviennent peu aux fraudeurs : leur prix de vente se rapproche par conséquent de leur valeur agricole.

D. *Ces noirs sont-ils riches en phosphate de chaux ?*

R. Leur richesse varie, elle s'élève de 48 à 55 % et plus ; mais si, pour les besoins de vos cultures (1), il vous convient d'augmenter leur richesse, vous pouvez facilement les mélanger avec des noirs de sucrerie, en grains ou moulus, avec des os dégélatinés, avec des phosphates fossiles. Vous aurez ainsi de bons résultats sans les payer d'une manière abusive.

D. *Comment le cultivateur doit-il s'y prendre pour ne pas être trompé lorsqu'il achète du noir animal ?*

R. Il doit prendre un échantillon du noir et le soumettre à l'examen d'un chimiste, qui déterminera la richesse de l'engrais sec, puis dosera l'humidité. Muni de ce renseignement, l'acheteur fera peser 1 hectolitre du noir, et, grâce à ces données,

---

(1) J'ai évité d'aborder les questions trop techniques relatives à *l'emploi* des engrais pour telle ou telle culture déterminée ; c'eût été sortir du cadre que je m'étais imposé. Je renvoie le cultivateur qui désirerait des détails circonstanciés sur l'usage des engrais à mes *Leçons de chimie agricole*. Ils consulteront aussi avec fruit le *Petit cours de chimie agricole* de M. Malaguti, le *Traité des fumiers* de M. Girardin.

il fera le calcul très-simple que je vous ai indiqué tout à l'heure. Enfin, il demandera une facture et y fera spécifier formellement que le noir est *sans mélange* et renferme tant de phosphate de chaux pour cent parties.

Ce n'est pas tout, l'acheteur devra demander au marchand un petit sac, flacon, boîte en fer-blanc, dans lequel un échantillon du noir sera déposé *sous le cachet du vendeur*. Avec une facture mentionnant la pureté du noir et cet échantillon cacheté, le cultivateur trompé pourrait se faire rendre justice, alors même que le noir serait depuis longtemps enfoui dans le sol.

Je me résume :

Déterminer le poids de l'hectolitre ;

Connaître l'analyse ;

Demander une facture ;

Conserver un échantillon ;

Je pourrais ajouter : éviter le crédit autant que possible. Telles sont les précautions à prendre.

D. *Tout cela est bien compliqué.*

R. Tout cela n'est compliqué qu'en apparence. Au surplus, vous serez largement récompensés de vos peines si vous cherchez à vous rendre un compte exact de vos achats, et je ne comprendrais pas pourquoi, vigilants comme vous l'êtes pour la vente de vos récoltes, vous deviendriez insouciants et apathiques lorsqu'il s'agit de vous procurer la matière première de ces mêmes récoltes. Ce serait là une faute que vous ne voudrez pas commettre (1).

---

(1) Il n'est pas difficile de trouver des marchands d'engrais qui vendent le noir en raison du nombre de kilogrammes

Avant de terminer cet entretien, je vous citerai quelques exemples de falsification du noir animal que l'analyse a permis de dévoiler et de combattre.

Il y a quelques années, on apporta à Nantes des chargements de faux noir de raffinerie de Bordeaux, dans lequel on avait introduit de l'argile carbonisée, fine et très-noire. Cet engrais avait un aspect magnifique, mais il ne contenait que 48 $\%$ de phosphate, et la dose d'argile et de sable s'y élevait à 17 $\%$ au lieu de 2 ou 3 $\%$. La fraude fut de suite reconnue, mais l'analyse seule permit de la combattre, car l'aspect de la marchandise était rréprochable.

J'ai vu arriver à Nantes un navire de Hambourg, dans lequel on avait chargé un sable siliceux d'une couleur noire superbe sous le nom de noir animal. Ce prétendu noir fut analysé par moi et reconnu frauduleux. Je multiplierais facilement ces citations ; qu'il vous suffise de savoir que le noir animal peut avoir — *même pour l'œil le plus exercé* — un magnifique aspect, et cependant être falsifié dans une large proportion. On exploite en Ille-et-Vilaine un schiste noir extrêmement léger, qui trouve à Nantes un placement très-facile : on l'emploie pour noircir les engrais mélangés et leur donner la couleur du noir pur. Cette matière a remplacé le charbon de schiste, très-abondant à une époque, et qu'on appelait coke de Bog-head. Les poudres noires, les charbons tamisés d'origines diverses, etc., en un mot toutes

de phosphate de chaux livré. Un fermier du Morbihan traitait récemment aux conditions suivantes avec un marchand de Redon : « La facture sera établie d'après le nombre de kilogr. de phosphate constaté par l'analyse, chaque kilogramme de ce phosphate sera vendu 28 centimes pour le noir gram, et 29 centimes pour le noir fin. »

les substances noires et légères ayant double avantage pour les fraudeurs de *faire occuper à un engrais analysé en poids le plus grand volume possible*, peuvent être contenues dans du noir animal. L'analyse seule vous mettra en garde contre les tromperies du commerce. Ayez donc recours à ce moyen de renseignement, et vous agirez prudemment.

D. *Dites-nous maintenant ce que vous pensez des mélanges de noir animal et de tourbe.*

R. C'est un grave sujet, car il s'agit de ces engrais à bas prix qui abondent sur le marché, notamment dans la Loire-Inférieure et en Basse-Bretagne, et qui, sans être *positivement* vendus comme noirs de raffinerie, sont très-souvent regardés comme tels par les cultivateurs ignorants. La grêle, les orages, la sécheresse ont causé moins de mal à l'agriculture que ces mélanges de faible valeur qui font le vide dans votre bourse et l'appauvrissement dans vos terres. Vous les désignez sous le nom de *petits noirs*.

D. *Quelle est la composition de ces engrais ?*

R. Elle varie beaucoup suivant les localités et les consommateurs. Je vais tout d'abord vous citer ce qui a lieu dans la Loire-Inférieure et la Basse-Bretagne. On prend de la tourbe divisée, on l'arrose plus ou moins avec des matières fécales étendues d'eau ou avec des bouillons d'équarrissage ; on peut encore l'*animaliser* en y enfouissant des chairs d'animaux abattus, qu'on laisse se décomposer dans la masse et qu'on passe ensuite au crible. A cette tourbe ainsi préparée, on ajoute du noir d'os (généralement du noir de sucrerie) qu'on a réduit en poudre ; on y ajoute également des noirs d'os dégélatinés (1) et souvent des noirs de raffinerie de Bordeaux, Nantes ou Marseille, dont l'odeur se communique à l'ensemble. Pour détruire la nuance brune de la tourbe, on emploie les schistes noirs d'Ille-et-Vilaine, le charbon de goëmon lavé (2), etc., on mélange parfaitement, on crible, on humecte avec le plus d'eau possible et on expédie comme *petit noir* la matière ainsi fabriquée. J'allais oublier de vous dire que, depuis quelque temps, on introduit dans ces mélanges, pour y remplacer une partie du noir animal, tantôt des phosphates fossiles, tantôt des phosphorites d'Espagne ou du Nassau. En pareil cas, on force un peu la dose de schiste noir pour colorer les matières phosphatées, dont la teinte grise ou blanche trahirait la présence.

D. *Est-ce que les matières formant ces mélanges sont nuisibles aux récoltes ?*

R. La tourbe n'est pas mauvaise en elle-même, c'est un terreau d'un bon effet, surtout lorsqu'elle a été aérée par le tamisage, puis imprégnée de matières animales. Le charbon de goëmon, lorsqu'il n'a pas été complétement épuisé de ses sels de potasse, peut avoir encore une certaine valeur, car

(1) Ces charbons contiennent 83 % de phosphate de chaux et 8 % de charbon et matière combustible.

(2) Le lavage de ce charbon a été effectuée en vue d'en retirer les sels de potasse et de soude, l'iode et le brome.

il contient indépendamment de cette potasse un peu de phosphate de chaux et possède une porosité précieuse ; mais le *charbon de schiste*, pesant 35 à 40 kilogrammes l'hectolitre, n'est employé que dans un but coupable ; c'est là une vérité incontestable, et si, au surplus, le cultivateur juge bon de combiner l'usage du noir avec celui de la tourbe ou du charbon de goëmon animalisé, il fera un acte de grand bon sens en *achetant ces matières séparément :* n'oubliez pas ce précepte, je vous en supplie, car de son observation dépendent des résultats bien importants.

D. *De quels résultats voulez-vous parler ?*

R. Je veux parler d'une réduction considérable dans vos dépenses d'engrais, donc d'une augmentation de votre fortune. Je veux parler aussi d'une victoire éclatante remportée sur les fripons, au grand avantage des commerçants honnêtes accablés par une concurrence déloyale ; je veux parler enfin de la conquête de votre liberté ; car, faut-il vous le dire ? presque tous les marchands qui vendent de mauvais engrais vous *font de longs crédits* ou vous *achètent vos produits fort cher*, voilà ce qui vous allèche et vous ruine en même temps. Que *penseriez-vous d'un marchand d'engrais qui achè-*terait un lot de petits fagots appelés, dans la Loire-Inférieure, *bourrées*, à raison de 20 francs, qui les ferait ensuite apporter à Nantes pour 1 fr. 50 en payant de plus 2 fr. 20 d'octroi, somme toute 23 fr. 70, et qui, en fin de compte, vendrait ces mêmes bourrées 12 fr. 50 ? Ce que je vous cite là est tout simplement une histoire vraie. Eh bien, le marchand a nécessairement retrouvé son argent en faisant un gros bénéfice sur la vente de l'engrais. Cela est élémentaire.

On me parlait, il y a quelques jours à peine, d'un marchand d'engrais d'une petite localité voisine de Nantes qui avait déterminé une hausse inexplicable dans le prix des fagots. Savez-vous quel était son secret? C'est qu'il payait ses fournitures de bois avec de l'engrais ; or, s'il gagnait 3 fr. 50 ou 4 francs par hectolitre de sa marchandise, il pouvait bien payer le cent de fagots 15 francs de plus que l'acheteur ordinaire (1), et lorsque le paysan qui lui vendait ce cent de fagots croyait avoir fait preuve de grande finesse, il avait tout simplement agi comme un véritable enfant. La grande finesse en agriculture, mes amis, c'est, comme en politique, un raisonnement sain, uni à une droiture parfaite.

D. *Pourriez-vous donner quelques chiffres pour démontrer ce que vous avancez ?*

R. Pour vous convaincre, je vous citerai ce que j'ai observé et consigné sur mon registre d'analyses. Un engrais à base de tourbe, additionné de charbon de schiste — ou bog-head— pèse 70 kilogrammes l'hectolitre, et se vend 7 francs. On montre à l'acheteur une analyse qui constate l'existence dans cet engrais de 30 $^0/_0$ de phosphate de chaux.

Calculons :

(1) Ce chiffre est exact.

Tout d'abord l'acheteur fait constater que cet engrais renferme 32 % d'eau.

Si 100 kilogrammes d'engrais contiennent 32 d'eau et 68 de matière sèche, les 70 kilogrammes d'engrais formant l'hectolitre seront composés de :

$$\text{Eau} \dots \dots \dots \dots \dots \dots \dots \dots \dots \quad 22^k,400$$
$$\text{Matière sèche} \dots \dots \dots \dots \dots \quad 47^k,600$$

Or, 100 kilogrammes contenant, d'après analyse, 30 kilogrammes de phosphate, les $47^k,600$ en fourniront $14^k,280$.

Ces 14^k280 de phosphate de chaux sont vendus 7 francs, c'est-à-dire à raison de 49 centimes le kilogramme, tandis qu'il vaut aujourd'hui :

38 à 44 centimes environ dans le noir résidu pur de raffinerie de Nantes ou de Bordeaux ;

28 centimes dans le noir de sucrerie ;

16 centimes dans les phosphates fossiles.

Vous faites donc un marché de dupes, tandis qu'il vous eût été facile de vous adresser à un de ces négociants honnêtes, comme il n'en manque pas à Nantes, à Brest, à Vannes, à Rennes, à Redon, à Lamotte-Beuvron, à Orléans, à Châteauroux, à Agen, etc., etc., qui vous eût vendu séparément du noir d'os et de la tourbe animalisée dont vous eussiez fait le mélange comme bon vous eût semblé. Quant au crédit, soyez persuadé que vous en eussiez trouvé chez ce marchand et à de meilleures conditions que dans votre canton (1).

(1) Certains marchands d'engrais des grandes villes font leurs efforts, il faut le reconnaître, pour se mettre en rapports directs avec le cultivateur, et plusieurs brochures-prospectus émanées d'eux indiquent nettement la composition et le poids de l'hectolitre du noir animal et de ses mélanges.

D. *Alors ce n'est pas le principe des mélanges que vous condamnez, mais son abus ?*

R. Vous avez parfaitement saisi ma pensée. Non-seulement les mélanges sont quelquefois utiles, mais il en est que je vous recommanderai : ainsi la tourbe animalisée fournit de l'*humus* au sol, le rend meuble et léger, y entretient l'humidité et favorise, par sa décomposition, l'action des matières minérales et surtout des phosphates. Vous pouvez donc, après l'avoir achetée à sa véritable valeur, en faire vous-même le mélange avec un noir animal sec comme ceux qui viennent du nord de la France.

D. *Dans quel cas faut-il avoir recours aux mélanges ?*

R. Lorsque le sol est dépourvu de matière brune ou *humus ;* lorsque le noir animal employé est de sa nature *froid* et pauvre en matières organiques susceptibles de fermenter ; enfin lorsque vous désirez employer des cendres d'os, phosphates fossiles, phosphorites, guanos non azotés et matières analogues.

D. *Ne peut-on pas mélanger utilement des noirs de provenances diverses les uns avec les autres ?*

Il sera toujours avantageux de mélanger un noir *chaud* (1) et riche en matières organiques avec un noir de sucrerie ou un phosphate minéral. Les produits de la fermentation rendront le noir *sec* beaucoup plus actif qu'il ne l'eût été isolément.

(1) Les noirs chargés de matières organiques sont dits *chauds*, parce qu'une température très-élevée se développe dans leur masse par la fermentation.

SIXIÈME ENTRETIEN

Dans les défrichements, dans les terres de landes riches en humus, et en général dans les sols bruns et acides, il peut être fort utile d'employer comme premiers engrais et comme puissants modificateurs du sol, des phosphates de chaux dépourvus de matière organique.

D'autre part, les fumiers et composts divers seront toujours améliorés dans une grande proportion si on les mélange avec une certaine quantité de phosphate de chaux.

Tels sont les faits sur lesquels je veux appeler votre attention dans cet entretien.

D. *Quelle est la composition du phosphate de chaux?*

R. Le phosphate de chaux renferme 45,81 d'acide phosphorique et 54,19 de chaux pour 100 par-

____

(1) Engrais dont la valeur est surtout déterminée par la présence de l'acide phosphorique combiné ou libre.

ties en poids : or, l'acide phosphorique est l'une des matières précieuses de l'agriculture, et vous le voyez figurer constamment, représenté par une teinte rouge dans le tableau joint à ce volume et qui indique les principes enlevés au sol par les récoltes.

D. *Qu'appelle-t-on phosphate de chaux des os ?*

R. Il semblerait, au premier abord, que ce soit nécessairement le phosphate contenu dans les os, mais il n'en est pas ainsi. On s'est habitué à appeler *phosphate des os* le composé dans lequel l'acide phosphorique est à la chaux comme 45,81 est à 54,19, quelle que soit d'ailleurs son origine.

D. *Est-ce qu'il y a plusieurs sortes de phosphate de chaux?*

R. Oui, et je vous citerai, notamment, la substance qu'on appelle *phosphate acide de chaux;* elle est soluble dans l'eau et renferme :

Acide phosphorique.	60,68
Chaux	23,93
Eau	15,39
	100,00

Comme elle renferme beaucoup plus d'acide phosphorique que le *phosphate des os*, et que son acide phosphorique, étant immédiatement soluble dans l'eau, passe plus facilement à l'état de combinaisons diverses dans le sol, puis dans les végétaux, il a un prix plus élevé.

D. *Veuillez nous indiquer les variétés de phosphate de chaux qu'on peut se procurer dans le commerce?*

R. Je vous ai déjà parlé des cendres d'os ; aujourd'hui je vous citerai, par ordre d'importance, le *phosphate fossile*, certains guanos non azotés, tels que ceux de Baker (aujourd'hui rare en France), Mexillones, Navassa, Malden-Island, et qu'on appelle souvent *guanos phosphatés,* puis la *phosphorite de Nassau,* qui est vendue depuis quelque temps en assez notable quantité ; les *phosphorites d'Espagne,* dont plusieurs chargements sont arrivés à Nantes en 1868 et 1869 ; enfin, les phosphates du midi de la France, qui sont exploités depuis 1871 et dont la richesse est souvent élevée.

D. *Est-il vrai que le phosphate fossile soit un bon engrais?*

R. A l'époque où M. Demolon s'occupait avec ardeur de la recherche et de l'exploitation industrielle des phosphates fossiles, c'est-à-dire en 1857, j'émettais l'opinion que l'action de ces engrais serait excellente dans les terrains non calcaires et qu'on en tirerait aussi un très-bon parti si on les incorporait dans les fumiers et composts. Presque tous les chimistes étaient alors d'un avis contraire (1). Aujour-

(1) Une seule adhésion franche, nette, publique — une seule — me fut donnée à cette époque, où les uns combattaient franchement mes prévisions (voir le rapport de M. Payen à l'Académie des sciences), et où ceux-là même qui inclinaient à conclure dans le même sens que moi s'abs-

d'hui les faits ont prononcé, et c'est par centaines de mille sacs que se vend en Bretagne le phosphate fossile. Son extraction, notamment dans les départements de l'Est, a pris un énorme développement, et un habile agriculteur de la Sologne, M. Lecouteux, s'exprimait il y a quelques années de la manière suivante à cet égard : « Que faut-il pour obtenir les premières récoltes des bonnes landes, de celles qui, aujourd'hui, se vendent en Sologne 400 et 500 francs l'hectare ? Du *phosphate fossile surtout*. C'est là l'engrais par excellence, l'engrais qui donne par hectare des récoltes de seigle de 20 à 25 hectolitres de grains et de 2,000 à 3,000 kilogrammes de paille. »

M. Lecouteux disait aussi avec une haute raison : « Tandis qu'autrefois les landes ne devaient s'améliorer que par les ressources créées sur les anciennes terres, c'est le contraire qui est vrai de nos jours, puisque, par l'emploi des phosphates, les landes de bonne qualité deviennent le foyer améliorateur des anciennes terres. *Il ne faut pas de fumier aux landes...* Leur première période agricole, c'est la période des phosphates, et le phosphate, c'est l'engrais revenant à 35 francs l'hectare, en pleine Sologne, puisque par hectare il faut 500 kilogrammes de phosphate à 7 francs le quintal. » Ce que M. Lecouteux a observé en Sologne a été également remarqué en Bretagne, et malgré certains insuccès

tenaient prudemment jusqu'à plus ample informé : ce fut celle de M. Rohart, auteur d'un consciencieux *Guide de la fabrication des engrais* (1858). C'est un fait que je tiens à constater, non dans un but de revendication personnelle, mais pour qu'une juste part soit enfin attribuée à chacun dans l'histoire trop souvent inexacte de cette question.

apparents, le partage des communs, le défrichement, les pratiques ordinaires de la culture ont motivé et motivent un énorme emploi de phosphates fossiles.

D. *Pourquoi, en parlant des insuccès, ajoutez-vous le mot apparents ?*

R. Parce que si, dans des landes trop pauvres en matières organiques ou dans des années trop sèches, on n'a pas toujours obtenu de bons effets des phosphates fossiles, les résultats de cet engrais se manifestaient à la récolte suivante.

D. *Quelle est la richesse des phosphates fossiles en phosphate de chaux réel?*

R. En général, ces matières sont vendues comme renfermant 38 à 51 0/0 de phosphate de chaux. Le plus grand nombre des marchés faits en Bretagne et en Sologne spécifie une richesse de 40 à 45 0/0, — c'est un terme moyen.

Je dois toutefois vous mettre en garde contre une erreur généralement répandue.

Par une convention entre les extracteurs de phosphate fossile et les marchands, il est admis que l'essai de l'engrais se fera en le dissolvant dans un acide et y versant ensuite de l'alcali volatil ou ammoniaque : tout ce qui se dépose est considéré comme du phosphate. Or, cela n'est pas exact, car en même temps que le phosphate, il se précipite un principe terreux qu'on appelle *alumine*, et une matière rouge qui est de l'*oxyde de fer*.

D. *Quelle est la plus-value donnée à l'essai par la présence de ces deux matières ?*

R. Elle peut s'élever de 5 à 10 0/0. Généralement elle est de 7 0/0. Il en résulte qu'un phosphate fossile vendu à 42 0/0 de richesse contient en réalité 35 0/0 de phosphate de chaux.

D. *Pourquoi ne vend-on pas les phosphates fossiles en indiquant leur véritable richesse ?*

R. Parce que le mode d'essai que je viens de vous indiquer est rapide, facile à exécuter par tout le monde, et qu'il fournit d'ailleurs des résultats toujours identiques, lorsqu'on prend soin de faire agir suffisamment l'acide sur la matière. Vous avez trop de bon sens pour ne pas comprendre que le phosphate fossile n'est pas vendu pour cela un sou de plus que sa valeur, mais j'ai tenu à vous mettre en garde contre certains malentendus.

D. *De quels malentendus voulez-vous parler ?*

R. De ceux qui se produisent lorsque le marchand entendant livrer à une richesse déterminée par l'essai dit *commercial*, et ayant fait un prix en concordance de cet essai, se trouve en présence d'un acheteur qui demande réduction, parce que l'analyse *scientifique* n'a pas constaté la richesse annoncée.

D. *Donnez-nous un exemple ?*

R. Cela ne sera pas difficile. Un marchand de très-bonne foi vous propose un phosphate fossile à

45 0/0 de richesse selon le langage usuel, il vous le vend 6 fr. les 100 kilogrammes, sac compris. C'est là un prix ordinaire. Mais un chimiste vous ayant dit que l'engrais — qui fournit bien en effet 45 par la méthode d'essai commercial — ne renferme en réalité que 17,4 d'acide phosphorique, soit 38 de phosphate de chaux des os, vous réclamez une réduction de prix en raison des 7 0/0 de phosphate qui vous manquent. En pareil cas vous avez tort. Il est impossible en effet à un marchand de vous livrer pour 6 francs les 100 kilogrammes (sac compris), un phosphate fossile contenant 45 0/0 de phosphate de chaux *réel*, c'est-à-dire plus de 20 0/0 d'acide phosphorique. Le mieux pour éviter ces malentendus serait certes l'abandon de la méthode dite commerciale, mais c'est aux extracteurs de phosphates et aux marchands qui traitent avec eux à réaliser ce progrès.

D. *Les chimistes qui opèrent par la méthode dite commerciale obtiennent-ils toujours les mêmes chiffres ?*

R. Ces chiffres diffèrent quelquefois de 2 à 2,5 p. 100, et il n'y a qu'un moyen de faire cesser ces regrettables divergences. Il faut que les chimistes qui se livrent à l'essai des phosphates fossiles aient soin de faire agir l'acide jusqu'à *complète dissolution de la partie soluble de l'engrais*, ce qu'il est facile de reconnaître, parce qu'alors le sable insoluble est devenu blanc. De cette manière, les inexactitudes dues à la surcharge du phosphate seront toujours comprises dans la même limite.

D. *Trouve-t-on, dans le commerce, des phosphates plus riches que ceux dont vous nous avez parlé ?*

J'ai quelquefois analysé des phosphates fournissant un titre de 55 à 60 0/0 (méthode commerciale), mais cela ne se présente pas fréquemment. Ces engrais sont plus solubles dans la terre que les autres. Je me borne à vous en signaler l'existence.

D. *Les phosphates fossiles sont-ils falsifiés ?*

R. On falsifie le vin, le vinaigre, le poivre, le café, les graines de semence. Il n'y avait donc pas de raison pour que les phosphates fossiles échappassent à la loi commune. A Rennes, on les a mêlés à de la *tangue*, qui est un sable calcaire recueilli au bord de la mer ; à Nantes, des usines à vapeur sont consacrées à moudre du sable, du *tuffau*, des pierres grises qui sont additionnés de phosphate fossile et mis en sacs plombés qu'on expédie dans toute la Bretagne. On a trouvé aux environs de Redon des collines entières de pierre grise appelée *schiste*, que l'on réduit en poudre et que l'on vend à certains marchands d'engrais peu scrupuleux (1). Vous voyez qu'en achetant des phosphates vous devez prendre de grandes précautions et, en un mot, n'acheter qu'avec garantie de richesse en phosphate de chaux.

(1) On a quelquefois fraudé les phosphates fossiles avec de la *phosphorite* d'Espagne, riche, mais non assimilable, et avec des phosphates du Nassau, mais la couleur de ces derniers met obstacle à leur emploi sur une vaste échelle.

Voici quelques chiffres extraits de mon registre d'analyse :

DÉSIGNATION.	EAU ET MATIÈRES VOLATILES AU ROUGE.	SABLE FERRUGINEUX.	PHOSPHATE PRÉCIPITÉ PAR L'AMMONIAQUE.	CARBONATE DE CHAUX ET MATIÈRES DIVERSES.
Échantillon envoyé de la Meuse	8,50	41,20	38,00	12,30
Id.	7,80	34,50	44,00	13,70
Phosphate ayant donné lieu à une contestation . . .	12,00	46,00	31,50	10,50
Phosphate envoyé des Ardennes	7,80	14,50	63,00	14,70
Id.	8,80	36,50	44,00	10,70
Échantillon envoyé par un négociant de l'Indre . .	9,00	42,00	38,00	11,00
Échantillon envoyé par un cultivateur de l'Allier. .	3,80	45,50	47,30	3,40
Phosphate fossile *Tanguè*.	15,00	30,00	18,00	37,00
Phosphate fossile vendu 7 francs à Orléans . . .	9,00	48,40	27,8	14,8
Id. à Châteauroux	5,5	61,70	25,8	7,0
Phosphate fossile vendu 10 francs à un fermier de Bouvron (Loire-Inférieure).	5,5	48,2	3,4!!	42,9

Toutes les fois que le plomb fixé à l'ouverture d'un sac ou que l'indication tracée à l'encre sur l'étoffe de ce sac porte les mots *phosphate fossile* et que d'autre part l'analyse décèle un mélange de sable, pierre, etc., n'hésitez pas à poursuivre votre vendeur devant les tribunaux. Vous donnerez ainsi un exemple d'autant plus utile que, malgré les vœux des conseils généraux de la Loire-Inférieure et du Morbihan, les chefs de parquet n'exercent de poursuites que lorsqu'il y a *partie civile*, c'est-à-dire intervention du cultivateur trompé.

D. *Quel est votre avis sur les autres phosphates du commerce ?*

R. Je vous parlais, il y a quelques instants, des guanos Malden-Island, Mexillones, Baker, du phosphate Navassa, etc. Or je vous répéterai à leur égard ce que je vous disais pour le noir animal : leur prix ou valeur commerciale se décompose en plusieurs éléments distincts :

1° La composition chimique ;

2° La faculté d'être plus ou moins soluble dans la terre ;

3° Enfin la couleur, l'aspect, la finesse, etc.

D. *Je comprends l'importance de la composition et de la solubilité dans la terre; mais quelle peut être l'influence de la couleur?*

R. Cette influence est grande au point de vue du commerce, parce que les marchands mélangent ces guanos avec le guano péruvien, et que l'analogie de couleur permet de dissimuler le mélange.

D. *Désapprouvez-vous ce mélange ?*

R. Je crois — et je vous l'ai déjà dit — qu'il est fort avantageux de le faire lorsque le guano doit

être employé *dans les régions agricoles où réus-
sissent le noir et les phosphates fossiles ;* mais ce
que je blâme, c'est qu'on le dissimule pour vendre
la marchandise à un prix abusivement élevé.

D. *Qu'est-ce que la phosphorite du Nassau ?*

R. C'est un phosphate de chaux très-ferrugineux
exploité depuis peu, et qui semble comparable au
phosphate fossile pour la solubilité dans le sol.
Sa composition est variable, et sa richesse en
phosphate réel s'élève de 35 à 70 0/0. J'ai bonne
idée de cette substance, par analogie d'abord, et
ensuite parce que j'ai observé dans le laboratoire
qu'elle était facilement attaquée par l'eau de Seltz,
qui est une solution d'acide carbonique. Je vous
engage à l'essayer dans les terres où le phosphate
fossile vous a donné de bons résultats. Je vous
engage surtout à essayer le phosphate Navassa, qui
est riche en phosphate et d'un prix très-modéré.

D. *Et les phosphorites d'Espagne ?*

R. La question des phosphorites d'Espagne est
grosse d'avenir. Ces matières offriront un jour de
précieuses ressources aux fabricants de *superphosphates,* mais il est regrettable de les voir employer — comme on l'a déjà fait à Nantes — pour
remplacer le noir d'os dans des mélanges de tourbe;
dans ce cas, on les colore avec une poudre de
schiste très-noire et on cache leur présence dans
l'engrais fabriqué. C'est une pratique très-blâmable
et que je vais vous fournir le moyen de reconnaître.
Jetez dans une écuelle un peu de l'engrais sus-

pect, couvrez-le d'eau, remuez bien, laissez déposer une minute et faites écouler le liquide noirâtre supérieur ; remettez de l'eau et recommencez ainsi plusieurs fois. Vous arriverez à rassembler au fond de l'écuelle les parties les plus lourdes et à vous débarrasser de la tourbe , des matières animales légères, etc. ; ce qui restera ce sera le sable, le noir d'os ou la phosphorite. Faites sécher quelques instants devant le feu sur une plaque de métal ou sur une brique. Tout cela n'est pas très-difficile.

D'autre part, faites chauffer une pelle à feu, — sans atteindre le rouge ; — portez-la très-promptement dans l'obscurité, et inclinez-la ; si vous y versez alors votre résidu d'engrais et s'il contient de la phosphorite d'Espagne, il donnera lieu à une belle lueur jaune. Les savants disent que cette matière est *phosphorescente*, c'est-à-dire qu'elle est lumineuse comme l'extrémité d'une allumette chimique que vous frotteriez sur un mur pendant la nuit.

Au surplus, consultez un chimiste si vous avez des doutes sérieux, et la fraude sera facilement découverte.

Voici, d'après les analyses faites au *laboratoire de chimie agricole de Nantes,* la composition des phosphates dont je viens de vous parler :

DÉSIGNATION.	FAU ET MATIÈRES VOLATILES AU ROUGE.	SABLE.	PHOSPHATE DE CHAUX.	CARBONATE DE CHAUX ET MATIÈRES NON DOSÉES.
Guano Malden-Island. . .	19,00	2,20	66,00	12,80
Guano Mexillones.	18,60	3,00	72,00	7,00
Guano Baker	3,00	Traces.	89,00	8,00
Phosphate fossile du Nassau	4,00	31,50	57,00	7,50
Phosphorite de l'Estrama-dure	»	75	»	25,00
Phosphate de Navassa . .	13,60	3,20	65,50	17,70

D. *Parlez-nous maintenant des superphosphates.*

R. Ce sont des engrais très-actifs que l'on obtient en traitant des os, cendres d'os, phosphates fossiles, phosphorites, guanos non azotés divers par l'acide sulfurique. Il résulte de ce mélange un engrais dont l'acide phosphorique devient partiellement ou complétement soluble dans l'eau, — cela dépend de la dose d'acide sulfurique employé, — et qu'on désigne sous le nom incorrect de *superphosphate.*

D. *Pourquoi dites-vous que ce nom est incorrect ?*

R. Parce qu'en réalité ces engrais ne renferment pas — ou ne renferment qu'une petite proportion — la matière dite *superphosphate, phosphate acide* ou encore *phosphate soluble de chaux* ayant la composition :

Acide phosphorique. 60.68
Chaux. 23.93
Eau 15.39
                                  ————
                                  100.00

La vérité c'est que les engrais dits *superphos-phates* renferment surtout de l'*acide phosphorique libre*, mélangé à du plâtre ou sulfate de chaux très-divisé, puis des matières diverses variables en quantité et qualité selon l'espèce de phosphate que l'on a traité par l'acide sulfurique.

D. *Quels sont les meilleurs superphosphates ?*

R. L'industrie offre un nombre si considérable de ces engrais qu'il m'est impossible de vous répondre d'une manière générale. Non-seulement ces engrais varient par leur richesse en acide phosphorique so-luble dans l'eau, mais aussi par la matière azotée qu'ils renferment. Tantôt cette dernière est une sub-stance animale, — corne rapée ou torréfiée, matière animale des os, — tantôt c'est du sulfate d'ammo-niaque. C'est surtout pour l'achat de ces engrais que l'essai chimique préalable est indispensable.

D. *Les superphosphates sont-ils supérieurs aux autres engrais, tels que noir animal, guanos na-turels, etc. ?*

R. Les engrais renfermant de l'acide phospho-rique soluble sont, en Angleterre, l'objet d'une industrie très-considérable. Ils y sont fort estimés. En France, leur application à la culture est trop récente pour qu'on soit bien fixé sur l'importance de leur avantage relatif. Cependant il n'est pas douteux que ce soient d'excellents engrais, et je ne saurais trop vous exhorter à en faire l'essai.

D. *Que signifient les mots « avantage relatif »?*

R. Je vais en préciser le sens. L'expérience a démontré que certaines terres récemment défrichées, que les landes de Bretagne et de Sologne ont une faculté dissolvante très-énergique pour les phosphates tels que le noir animal, les phosphates fossiles, etc. Lorsque l'on confie ces engrais à des terres de cette nature, la dissolution de l'acide phosphorique et son action rapide sur la plante sont évidents. Ajoute-t-on une matière animale au phosphate, le bon effet produit est encore plus marqué. C'est ce qui arrive pour l'emploi du noir d'Amsterdam, dont les résultats sont admirables. Eh bien, on peut se demander si, en pareille circonstance, il est utile de demander à l'action d'un acide aussi cher que l'acide sulfurique la force dissolvante que le sol semble offrir naturellement. Encore une fois, je ne puis résoudre cette question, et j'attends une expérience plus prolongée pour former mon opinion ; or, c'est pour arriver à la vérité que nous sommes intéressés, vous et moi, à essayer les superphosphates. En résumé, leur bonne action n'est pas douteuse, mais la recherche à faire est celle du prix de revient du résultat obtenu. Est-ce clair ?

D. *Quels sont les principaux superphosphates offerts aux cultivateurs ?*

R. Je vous ai dit qu'il y en avait un grand nombre,

je vais vous citer ceux d'entre eux que j'ai analysés avec le plus de soin, et qui sont aujourd'hui l'objet d'une grande publicité dans les journaux d'agriculture. Ils sont annoncés sous les noms de *phospho-guano, mono-phospho-guano;* il en est d'autres qui s'en rapprochent et qui sont vendus sous les noms de *phosphate-guano, biphospho-guano, kopro-guano, similaire du phospho-guano,* etc.

D. *Parlez-nous du phospho-guano* (1).

R. C'est un engrais mixte renfermant de l'acide phosphorique libre, une faible proportion de phosphate de chaux des os et de l'azote assimilable presque entièrement à l'état de sulfate d'ammoniaque.

D. *Le phospho-guano est-il un produit naturel?*

R. C'est un guano phosphaté des mers du Sud qui a été pulvérisé, traité par l'acide sulfurique, — en vue de mettre son acide phosphorique en liberté et de le rendre soluble, — puis additionné de sulfate d'ammoniaque. Ce n'est donc pas un produit naturel.

(1) Il est bien entendu qu'aucune analogie ne saurait exister entre la désignation commerciale de *phospho-guano,* s'appliquant au superphosphate azoté, vendu en France sous ce nom par la maison P. Lawson et fils depuis 1862, et le même mot proposé par moi postérieurement à cette date pour spécifier les *produits naturels* nommés jusqu'à ce jour *guanos phosphatés,* et que je propose d'appeler *phospho-guanos,* par opposition aux *nitro-guanos* ou *guanos azotés.* J'insiste d'autant plus sur ce point, que certains avocats ont essayé d'établir une confusion que je regrette entre ma classification purement scientifique et le nom donné au phosphate naturel acidifié dit *phospho-guano.*

D. *Quelle est la richesse du phospho-guano en acide phosphorique et en azote ?*

R. Il renferme, d'après mon analyse, 14,5 0/0 d'acide phosphorique soluble dans l'eau, correspondant à 31,7 0/0 de phosphate de chaux des os, plus 8,941 de phosphate des os insoluble dans l'eau, enfin 2,50 à 2,68 0/0 d'azote. Ces chiffres varient quelque peu selon les chargements, mais on peut les considérer comme représentant une richesse qui n'est pas dépassée (1).

D. *Cet engrais peut-il être imité ?*

R. Si l'on voulait chicaner sur les mots, il serait possible de dire que tout superphosphate n'ayant pas pour matière première le guano-phosphaté, qui sert de base au *phospho-guano,* ne sera pas son *identique* ; mais si l'on veut raisonner sérieusement,

---

(1) ANALYSE DU PHOSPHO-GUANO.

Humidité volatile à 100°	10,69	
Matières organiques, sels ammoniacaux et eau volatile au rouge. . .	13,68	
Sable	2,50	
Matières solubles composées de sels alcalins, acide sulfurique en excès et acide phosphorique libre. . . .	27,00	Somme des phosphates
L'acide phosphorique de ces matières solubles équivaut, en phosphate de chaux des os, à.		31.73
Phosphate de chaux des os.	8,94	8,94
Sulfate de chaux.	37,28	40,67
	100,00	

Azote, 2,68 0/0.

L'acide phosphorique total équivaut donc à 40,67 de phosphate de chaux des os.

on reconnaîtra qu'en acidifiant un guano phosphaté riche et l'amenant à renfermer les mêmes doses d'acide phosphorique soluble, de phosphate des os, d'azote, etc., que le *phospho-guano*, on aura fabriqué un engrais aussi actif.

D. *Quel est le prix de cet engrais ?*

R. le *phospho-guano* se vend :

29f.25 pour des quantités supérieures à 50,000 k.
30 »   —   de   30 à 50,000
31 »   —   inférieures à 30,000

Ces prix s'appliquent à l'engrais pris à Nantes, au Havre, à Rochefort, à Bordeaux, Marseille, Dunkerque ; les barils qui le renferment portent le cachet et le plomb que voici :

D. *A quelle dose emploie-t-on le phospho-guano?*

R. Il faut en employer de 300 à 500 kilogrammes par hectare selon les cultures ; il est convenable de le mélanger avec de la terre pour le répartir également. Souvent on se trouve très-bien de l'employer en couverture pour activer une végétation languissante.

D. *Quels sont les superphosphates dont la composition se rapproche de celle du phospho-guano ?*

R. Je vous ai cité quelques-unes des désignations de ces engrais. Comme type de celui qui parmi eux prend en ce moment la place la plus importante, je vous signalerai le *mono-phospho-guano.*

D. *Comment cet engrais est-il obtenu ?*

R. Comme le *phospho-guano,* c'est-à-dire en acidifiant un guano phosphaté riche, — celui de Mexillones, — et y ajoutant du sulfate d'ammoniaque. on obtient ainsi un engrais renfermant de 14, 31 à 16 0/0 d'acide phosphorique soluble (soit l'équivalent de 31,2 à 35 0/0 de phosphate de chaux des os) plus 2,6 de phosphate de chaux des os, et enfin 2,3 à 3 0/0 d'azote ; c'est donc un bon superphosphate azoté (1).

(1) Voici les résultats d'une analyse effectuée sur le type moyen que m'ont fait remettre, dans l'été de 1873, MM. Mockford et Cie, de Londres, par MM. Gauchet et Thébaut, leurs consignataires, à Nantes.

Humidité volatile à 100° 16,20

Total des matières volatiles 39,80 — Matières volatiles au rouge :

Azote à l'état de sel ammonical. . . . 2,30

Azote faisant partie de la matière organique. 0,60

Matière organique jaune, eau combinée, acide sulfurique du sulfate d'ammoniaque. . . 20,70

D. *Quelles sont les conditions de vente de cet engrais?*

R. Il est vendu avec garantie de la richesse ci-dessus annoncée, dans des barils portant un cachet et un plomb à l'effigie ci-dessous reproduite.

Les prix sont de :

28 fr. 50 les 100 k. pour 30,000 kilogr.
30   » .... 5.000 kilogr.
31   » .... petites quantités.

Tout ce que je vous ai dit sur les superphosphates en général et sur le *phospho-guano* en particulier s'applique au *mono-phospho-guano*. Je pourrais du reste vous répéter au sujet de cette catégorie

	Acide silicique	1,29
	Acide phosphorique soluble dans l'eau.	14,34
	(Correspondant à **31.20** de phosphate tribasique de chaux rendu soluble).	
	Phosphate de chaux insoluble dans l'eau.	2,61
Total	(Renfermant 1.20 d'acide phosphorique.)	
des matières	Acide sulfurique anhydre.	15.22
fixes	Chlore.... Minimes proportions non déterminées.	
60,20	Chaux.	19,56
	Magnésie	4,50
	Oxyde de fer... traces insignifiantes.	
	Alumine . . . . *idem* . .	
	Sels alcalins.	0,20
	Matières non dosées et perte	2,54

                                    100 00

d'engrais ce que je vous ai dit dans un précédent entretien : cherchez la vérité vous-mêmes en consultant le sol, en observant l'action de l'engrais que vous lui confiez, en pesant vos récoltes. Celui-là seul qui s'est donné la peine de faire des expériences mérite d'en profiter (1).

(1) Le chargement de *mono-phospho-guano* récemment importé à Nantes par le navire *Idalia* m'a fourni à l'analyse une quantité d'acide phosphorique soluble correspondant à 36,46 de phosphate tribasique de chaux.

SEPTIÈME ENTRETIEN

LES CHARRÉES, LA CHAUX, LES ENGRAIS CALCAIRES.

Je voudrais vous faire bien comprendre aujourd'hui l'utilité des analyses chimiques pour le cultivateur qui fait achat de *charrées*. En même temps je vous démontrerai la nécessité de connaître le poids de la chaux que vous achetez à l'hectolitre, c'est-à-dire au volume; enfin, je vous dirai quelques mots des engrais calcaires en général.

D. *Que pouvez-vous nous apprendre sur la charrée ?*

R. Peu de chose que vous ne sachiez déjà; cependant j'ai vu bien des cultivateurs se faire tromper sur la qualité de cet engrais. Il n'est pas toujours vendu, croyez-le bien, dans l'état où vous le voyez à la porte des blanchisseuses.

D. *La charrée est-elle fraudée ?*

R. Elle est altérée par son mélange avec des matières sableuses et inertes, ce qui peut quelquefois être causé par la négligence de ceux qui l'achètent en détail pour l'emmagasiner et la revendre en gros; mais elle est aussi fraudée à l'aide de débris de tuffeau et de sables calcaires ; or, sa valeur étant alors diminuée dans une forte proportion, on ne doit pas l'acheter au prix de la charrée de bonne qualité.

D. *Que peut nous apprendre l'analyse ?*

R. Elle vous apprend qu'une belle charrée renferme seulement 13 0/0 de sable ou matière inerte, tandis que les charrées fraudées en renferment quelquefois plus de 50 0/0. Vous voyez qu'une telle différence vaut bien la peine qu'on s'en occupe.

D. *A quels signes extérieurs peut-on juger de la qualité des charrées?*

R. Les charrées de belle qualité exhalent, surtout quand on les chauffe, une odeur franche de lessive. Elles sont fines, mélangées de petits débris de charbon, grasses au toucher et s'agglomèrent en mottes. Le mélange avec des débris de tuffeau leur donne une teinte qui, au lieu de tourner au jaune terne, incline vers le gris mat et bleuâtre. Il m'est arrivé d'y trouver, après le tamisage, des morceaux de tuffeau fort apparents ; mais, en général, c'est à l'analyse qu'il faut avoir recours pour être bien fixé.

D. *Indiquez-nous la marche à suivre.*

R. Vous demanderez au marchand de vous donner une facture constatant qu'il vous livre de la *charrée pure*, vous prendrez devant lui une dizaine de poignées de l'engrais *dans les diverses parties du tas*, et, après avoir mélangé avec soin le tout sur une planche ou toute surface bien propre, vous en ferez un échantillon moyen que vous mettrez dans un petit sac en toile. Ce sac sera fermé à l'aide de plusieurs tours de ficelle; les deux bouts de la ficelle seront fixés sur la toile avec de la cire, et le marchand y mettra son cachet. Il sera bon que ce cachet soit également mis sur la facture. De cette manière, vos intérêts seront sauvegardés.

D. *Pourquoi?*

R. Parce que si l'analyse de votre charrée établissait qu'elle est falsifiée, vous refuseriez le payement au marchand, ou bien, s'il est déjà payé, vous pourriez lui réclamer un remboursement de son prix de vente; il n'aurait garde alors de refuser, sachant parfaitement que l'échantillon conservé par vous ferait foi en justice.

D. *Pourriez-vous nous faire connaître des chiffres résultant de vos analyses et ayant eu de l'utilité pour les cultivateurs?*

R. Oui. J'ai trouvé quelquefois, dans des charrées qu'on vendait comme pures, jusqu'à 58 0/0 de sable; elles furent refusées. Le hasard a fait tomber entre mes mains un sable calcaire des environs de Saumur qu'on employait pour frauder les charrées. Il contenait 25 0/0 de carbonate de chaux et 58 de sable. Du reste, voici quelques résultats d'essais faits sur des types commerciaux :

Essais commerciaux de charrées.

DÉSIGNATION.	MATIÈRES COMBUSTIBLES ET VOLATILES AU ROUGE.	SABLE.	PHOSPHATE DE CHAUX, ALUMINE ET OXYDE DE FER.	CARBONATE DE CHAUX.	SELS SOLUBLES.	MATIÈRES NON DOSÉES.
Belle charrée de Nantes recueillie près d'un bateau de blanchisseuses.	9,80	13,60	27,30	47,10	1,05	1,15
Belle charrée de Château-Gontier.	10,00	13,00	75		2,00	»
Charrée de Caen.	5,70	31,80	16,90	39,28	2,20	4,20
Charrée de la Rochelle. . .	6,00	42,70	12,35	34,80	2,20	2,15
Charrée vendue à Nantes. .	8,15	30,00	12,00	46,65	1,20	2,00
Charrée de Pont-Rousseau, près Nantes.	»	20 à 25 %	»	»	»	»

Comme vous le voyez, les proportions de sable varient dans ce tableau de 13 à 42. Toutes les fois que le sable dépasse 40 0/0 il y a fraude ou au moins négligence extrême de la part du vendeur, et je ne vois pas pourquoi vous en seriez victimes.

Avant d'acheter, consultez donc un chimiste et surtout ne négligez pas de prendre un échantillon avec les précautions que je vous ai indiquées tout à l'heure.

D. *Parlez-nous maintenant de la chaux ?*

R. Je vous en parlerai avec d'autant plus de plaisir que c'est un engrais dont l'emploi devient chaque jour plus considérable et qui est destiné à apporter un grand bien-être dans les régions où la terre est argilo-siliceuse.

D. *Comment agit la chaux ?*

R. De bien des manières. Si vous jetez un regard sur le tableau joint à ce petit livre, vous verrez que les récoltes enlèvent, toutes sans exception, de la chaux aux terrains ; le sol doit donc en renfermer, c'est le bon sens qui le dit ; or, si ce sol n'en contient pas naturellement, il faut de toute nécessité lui en apporter. La chaux a de plus la propriété de neutraliser l'acide des terres tourbeuses, des landes récemment défrichées et en général des terres dans lesquelles des débris végétaux accumulés *n'ont pas été suffisament mis au contact de l'air :* voilà un second mode d'action de cet engrais.

Mais ce n'est pas tout, la chaux attaque les roches et leurs débris, de telle sorte que, sous son influence, les terres deviennent plus légères. Il faut que vous sachiez aussi que certaines roches en morceaux ou en petits fragments renferment de la potasse, substance très-précieuse et très-chère dont *toutes* les plantes sont avides. Or, dans les roches la potasse n'est pas soluble, elle est en quelque sorte prisonnière. — La chaux démolit la prison, elle met la potasse en liberté ; l'eau pluviale dissout celle-ci et les plantes s'en nourrissent.

J'ajouterai que, par son action très-énergique sur les débris végétaux, la chaux vaporise des matières utiles aux plantes; enfin, — et cela est plus important encore, — la chaux transforme ces débris en substance brune connue sous le nom d'humus ; or, dès qu'une terre contient de l'humus et de la chaux, il s'y forme du salpêtre, qui est un puissant engrais.

Comme vous le voyez, j'avais raison de vous dire que la chaux agit de bien des manières.

D. *L'emploi de la chaux dispense-t-il de fumer ?*

R. Beaucoup d'agriculteurs l'ont cru en voyant les magnifiques récoltes qu'ils obtenaient par le chaulage de leurs terres, mais la désillusion est arrivée, et dans certaines localités de la Mayenne, où on a abusé de cet engrais, les terres sont devenues impropres à la culture du trèfle. La vérité vraie, la voici : la chaux épuise rapidement un terrain de son fond d'humus, de sa potasse, etc., et un cultivateur intelligent doit tout à la fois *chauler et fumer;* par ce système il pourra avoir des ré-coltes plus belles que s'il se bornait à fumer.

D. *Peut-on mélanger la chaux avec le fumier ?*

R. Je vais vous répondre en toute franchise et vous prouver que les savants, eux aussi, doivent quelquefois mettre un sot amour-propre de côté et se montrer dociles.

J'ai publié, il y a quelques années, un livre dans lequel j'ai écrit qu'il était absurde de mélanger la chaux avec le fumier. J'avais bien quelque raison de m'exprimer ainsi, puisque des chimistes très-savants, des agriculteurs de mérite, affirmaient la même chose. Eh bien, aujourd'hui, je suis fort ébranlé et ne sais trop que croire, je vous l'avoue sincèrement.

D. *Veuillez nous donner la raison de votre hésitation.*

R. J'ai lu avec soin les résultats d'une enquête faite sur les engrais industriels, et j'y ai vu que, dans la Mayenne, des hommes dont l'esprit d'observation doit inspirer toute confiance ont été conduits à suivre la routine, c'est-à-dire à faire des tombes de terre et chaux, puis à y ajouter ensuite du fumier ; le fumier restant alors *de 2 à 6 mois* en présence de la terre chaulée (1), c'est avec ce mélange que l'on fume, et il paraît qu'on s'en trouve très-bien.

D. *Alors pourquoi les chimistes condamnent-ils cette manière de faire ?*

R. Parce qu'en général la chaux décompose les

____

(1) Terre, 16 à 20 hectolitres ; chaux vive, 4 hectolitres ; fumier, 1 mètre cube.

substances animales en réduisant leur azote en ammoniaque qui s'évapore promptement ; et, comme dans le fumier il a de la matière animale, on peut regarder le mélange de cet engrais avec la chaux vive comme une cause de déperdition de l'azote contenu dans cette matière.

D. *En résumé, les chimistes avaient-ils tort ou raison ?*

R. Il se pourrait fort bien qu'ils eussent tort et voici pourquoi : les inconvénients de la chaux sont compensés par des avantages, et il semblerait que la balance n'est pas défavorable à la coutume ancienne. Grâce à la chaux, en effet, les débris végétaux de la terre sont transformés en *humus ;* le fumier subit, bien entendu, la même action ; enfin une masse de terre, fumier et chaux, que l'on recoupe et que l'on enfouit dans la terre devient une véritable *nitrière* (1) ; or, si d'une part on a perdu de l'azote, on en gagne d'un autre côté, car on fixe l'azote de l'air en faisant du salpêtre et, somme, toute, il y a peut-être gain. Quant à moi, je serai moins tranchant désormais lorsque je parlerai de cette question et je crois que je ne démériterai pas à vos yeux pour la netteté avec laquelle je vous en fais l'aveu. Je pousserai même la sincérité plus loin, et je vous dirai que tout savant — même illustre — arrivé à la cinquantaine aurait un bon livre à faire : il devrait avouer franchement les erreurs contenues dans ses premières publications, expliquer le pourquoi et le comment des modifica-

(1) On appelle ainsi les lieux où se produit le salpêtre.

tions de sa pensée, et les gens sérieux ne lui en sauraient pas mauvais gré ; à vrai dire, il faut pour cela deux qualités : la droiture et la modestie. Mais revenons à la chaux.

D. *Peut-on remplacer la chaux par de la marne, de la tangue ou des sables calcaires ?*

R. Non, car si ces engrais apportent dans le sol de la chaux nécessaire aux récoltes, ils n'ont pas comme la chaux vive la propriété de mettre la potasse des roches en liberté et de transformer les débris végétaux ou animaux en *terreau, terre noire* ou *humus.* Cela est tellement vrai qu'en Angleterre et sur certains points du nord de la France on chaule *même des terres calcaires.* Or, on ne les *marnerait* pas, on ne les *tanguerait* pas davantage.

D. *Est-il vrai que le chaulage nuise à l'action du noir ?*

R. C'est vrai, le noir agit mal tant que le sol est imprégné de chaux, ou de marne, ou de tangue. Cependant il y a quelquefois des exceptions à cette règle, par exemple lorsque le sol est extrêmement riche en débris végétaux (1).

D. *Pourquoi la chaux nuit-elle à l'action du noir ?*

R. J'en ai donné depuis longtemps l'explication suivante : les acides du sol, lorsqu'ils sont neutra-

____

(1) C'est ce qui arrive, paraît-il, chez M. de Kerjégu, à Trévarez.

lisés par la chaux ou les engrais calcaires, ne sont plus aptes à dissoudre les phosphates, et ceux-ci restent alors longtemps à l'état insoluble.

D. *Avez-vous quelques renseignements à nous donner sur l'achat de la chaux?*

R. En général cet achat est facile et ne donne pas lieu à des fraudes ; néanmoins, dans certaines localités, on vend des chaux maigres, dont le prix doit diminuer proportionnellement à la richesse ; on vend quelquefois aussi des chaux qui sont *hydrau-liques* et qui, en présence d'un sol mouillé, deviennent dures comme des cailloux. Dans ces cas-là, vous ferez bien de demander aux chimistes un avis sur la valeur réelle de telles chaux.

D. *Quelles sont les impuretés de la chaux?*

R. On y trouve du sable, de l'argile, quelquefois aussi une assez forte de *magnésie*.

D. *Ces matières sont-elles nuisibles?*

R. Vous savez aussi bien que moi que le sable et l'argile ne peuvent avoir aucun inconvénient, sauf celui d'être vendus pour de la chaux ; en ce qui concernerne la magnésie, on a un peu exagéré son danger, je connais bien des chaux magnésiennes qui sont employées avec avantage, et cela doit être, car les récoltes renferment toujours de la magnésie. Le grand principe, c'est que la chaux doit être payée en raison de sa pureté ; j'ajouterai également que l'argile, en trop grande proportion, peut avoir l'inconvénient de rendre la chaux *hydraulique*. Dans les *laboratoires de chimie agricole*, on vous renseignera à cet égard.

D. *L'analyse chimique suffit-elle pour déterminer le prix de la chaux ?*

R. Non, et lorsque vous achetez de la chaux à la mesure, ce qui est habituel, vous devez vous rendre un compte exact du poids de cette mesure. Je vais vous en donner un exemple : on fabrique à Erbray (1) d'excellente chaux grasse, provenant de la cuisson d'une pierre à chaux très-dure ; un peu plus loin on emploie un calcaire terreux et léger, que l'on façonne en briquettes et que l'on porte ensuite au four. Les gens du pays appellent *chaux de pierre* et *chaux de terre* les produits ainsi obtenus.

D'après mes analyses, voici la composition de ces deux calcaires *avant la cuisson :*

DÉSIGNATION.	EAU.	MATIÈRES VOLATILES AU ROUGE.	CHAUX.	ARGILE FERRUGINEUSE ET SABLE.	MAGNÉSIE.
Calcaire à *chaux de pierre*. . . .	0,50	43,50	56,00	Traces.	0.30
Calcaire à *chaux de terre*	0,80	41,00	52,00	5,20	1,20

Il y a donc :
Dans 100 de calcaire n° 1 : 56 de chaux pour 0,3 de magnésie ;

(1) Loire-Inférieure.

Dans 100 de calcaire n° 2 : 52 de chaux pour 6,40 argile, sable et magnésie ;

Et par suite la chaux cuite contiendra 95 de *chaux réelle* pour le n° 1 et seulement 89 pour le n° 2. Mais ce n'est pas tout.

1 hectolitre de *chaux de pierre*, pesant 90^k,250, représentera 85^k,737 de chaux réelle.

1 hectolitre de *chaux de terre*, pesant 63^k,500, ne contiendra que 56^k,515 de chaux réelle.

Vous voyez, par cet exemple, que les chiffres de l'analyse doivent être complétés par la recherche du poids.

D. *Est-il vrai que les plantes sauvages indiquent par leur nature la nécessité du chaulage?*

R. Oui, toutes les fois que vous verrez paraître dans un champ des joncs, prêles, laiches, persicaires, et par contre, disparaître le petit trèfle, la minette, etc., il faudra chauler ou marner. A ce sujet, M. Kerjégu s'exprimait ainsi devant la commission d'enquête des engrais : « Le cultivateur breton dit que du maërl, du tréaz, de la chaux, changent la bruyère en trèfle et le seigle en froment, c'est parfaitement exact. »

Et il disait aussi :

« Je fais remarquer à mes élèves que les bœufs, dans les fermes du pays où le calcaire n'est point employé, n'atteignent qu'à 6 ou 7 ans le poids que sur les terres chaulées ils atteindraient à 3 ans 1/2; enfin, je leur fais remarquer que dans les fermes non amendées par le calcaire, et où l'on ne cultive ni trèfle (1) ni plantes fourragères, il faut 35 kilo-

____

(1) Voir le tableau colorié indiquant les substances que le trèfle puise dans la terre.

grammes de leur meilleur foin, et plus, pour faire 1 kilogramme de viande, tandis qu'à Trévarez nous obtenons le kilogramme de viande avec 30 kilogrammes. »

D. *Qu'avez-vous à nous dire sur la marne?*

R. Que c'est un très-bon engrais, mais que l'œil trompe à son égard et qu'on peut facilement le confondre avec de l'argile blanche. Cela est si vrai que le grand Frédéric fit faire des travaux dispendieux, pour rechercher de la marne, dans une région agricole de la Prusse où on ne trouva rien et où cependant la substance que l'on recherchait existait en abondance (1). On se fiait aux apparences et on eût dû faire des analyses chimiques.

D. *Quelles sont les indications que peut donner l'analyse au sujet des marnes?*

R. L'analyse chimique indique si la matière observée est une vraie marne, *c'est-à-dire un calcaire intimement uni à de l'argile très-divisée et susceptible de se déliter* (2), ou simplement un calcaire pierreux. Elle indique aussi la quantité de chaux contenue dans la marne ou le calcaire. Elle établit, enfin, que telle marne renferme de l'acide phosphorique, telle autre de la matière organique; mais ce qu'elle détermine surtout avec avantage, c'est l'*effet utile* de la marne, et elle déduit la prévision de cet effet, non pas seulement de la quantité du calcaire trouvé, mais de l'état de ce calcaire.

(1) Puvis, *Traité des Amendements.*

(2) La marne se réduit en poussière sous l'action de l'air, elle fait bouillie avec l'eau comme une argile.

HUITIÈME ENTRETIEN

LES ENGRAIS CHIMIQUES.

D. *Que faut-il entendre par les mots engrais chimiques ?*

R. Ce sont des expressions impropres, et je vais vous le démontrer. Tous les engrais que vous confiez au sol s'y dissolvent et arrivent à nourrir les plantes, en subissant des modifications chimiques. Cela arrive aussi bien pour le fumier que pour la marne ou le superphosphate de chaux. On a voulu désigner par *engrais chimiques* ceux qui ne sont pas empruntés aux animaux ou aux végétaux, mais qui sont des *produits chimiques* proprement dits, tels que la potasse, l'acide phosphorique, le salpêtre, le sulfate d'ammoniaque. Or, c'était autrement qu'il fallait les désigner.

D. *Comment fallait-il les désigner ?*

R. Il eût été plus logique de les appeler *engrais inorganiques*, et de nommer *engrais organiques* ceux qui proviennent directement de la végétation ou de la vie. Le sulfate d'ammoniaque, le nitrate de potasse, sont des *engrais inorganiques*, tandis que *la poudrette, le sang desséché, le fumier*, sont des *engrais organiques*.

D. *Dites-nous ce qu'il y a de nouveau dans le système des engrais chimiques ?*

R. Voici la base du système. L'Écriture Sainte, d'accord avec la science, vous apprend qu'au commencement du monde, le Créateur fit les pierres, roches, terres, en un mot la matière minérale avant les plantes, et que celles-ci précédèrent à leur tour les animaux, qui vinrent les derniers. Les premières plantes ne trouvèrent donc ni terreau, ni débris de végétaux pour se nourrir. L'air, l'eau, la terre, voilà les seuls aliments qu'elles eurent pour se développer. Je vous ai déjà démontré, je crois, qu'à la rigueur, une plante peut arriver à maturité si on en sème la graine dans du sable pur *arrosé* et *aéré*. Eh bien, l'auteur du système des engrais chimiques vous dit : Suivez l'exemple que vous donne la nature, et puisque les plantes ont pu se développer sans débris végétaux ou animaux, passez-vous désormais de fumier. De cette manière, vous n'aurez besoin ni de prairies ni de bétail, et avec des matières telles que plâtre, salpêtre, sulfate d'ammoniaque, superphosphate de chaux, vous ferez immédiatement des betteraves, des pommes de terre, de l'orge, de l'avoine, du froment, etc.

D. *Que pensez-vous de ce système ?*

R. Je pense qu'il n'est ni nouveau ni avantageux.

Il n'est pas nouveau, car il y a longtemps qu'un savant allemand avait proclamé l'inutilité de la matière végétale ou animale dans les engrais, et qu'il avait donné le singulier conseil de brûler le fumier pour en employer simplement la cendre. Depuis des années, des chimistes anglais ont d'ailleurs fait de la culture prolongée avec des produits chimiques, et leur conclusion a été qu'il serait fort imprudent d'abandonner le fumier.

Il n'est pas avantageux, car, si chaque cultivateur voulait s'approvisionner en produits chimiques, le prix en deviendrait inabordable.

Rappelez-vous ce que je vous ai dit en vous parlant du fumier, et vous demeurerez convaincus que sa véritable valeur ne saurait être calculée par des analyses chimiques, et qu'on ne peut dès lors trouver son équivalent chez le droguiste. Faites donc ce que l'expérience séculaire a sagement consacré :

Créez des prairies qui aspirent les matériaux utiles du sol sous l'influence de la pluie ou des irrigations.

Faites des bestiaux qui vous donnent de la viande et du fumier.

Faites des grains avec vos fumiers; mais, comme la sagesse n'est jamais dans les extrêmes, ne méprisez pas pour cela les engrais commerciaux.

D. *Expliquez-vous plus nettement?*

R. Je m'explique. Vous n'avez pas attendu le *système des engrais chimiques* pour employer la chaux, le noir animal, la charrée, la marne, la tangue, et compléter vos fumiers à l'aide de ces précieuses matières. Dans bien des circonstances, vous avez compris que ce n'était pas avec des fumiers, mais avec du noir et des phosphates divers, qu'il fallait attaquer un défrichement. En un mot, vous avez, selon les circonstances, employé soit le fumier, soit les engrais commerciaux, et ceux de vous qui sont sages reconnaissent que l'enrichissement d'un tas de fumier par des produits chimiques ou des détritus organiques est souvent chose fort avantageuse. Engagez-vous de plus en plus dans cette voie et ne vous occupez pas davantage des grands mots, des grands systèmes et des grands mépris pour l'expérience de vos pères. Certes, vos pères ne savaient pas tout et il est certain que vous faites beaucoup mieux qu'eux ; mais le perfectionnement d'aujourd'hui est étroitement lié à la pratique d'hier, et celle-ci à son tour dérivait logiquement de la coutume d'avant-hier. Méfiez-vous donc des révolutionnaires et ne croyez pas que le progrès consiste jamais à mépriser le passé.

Le temps respecte peu ce que l'on fait sans lui, a dit un poëte : c'est surtout en agriculture que cette pensée est juste.

D. *Puisque vous nous engagez à employer des produits chimiques concurremment avec le fumier, ou à continuer leur emploi à défaut de fumier, donnez-nous quelques renseignements sur ces engrais.*

R. Je n'ai plus à vous parler des engrais phosphatés, puisque je vous ai donné des détails sur les superphosphates et certains phosphates naturels ; mais je vous signalerai l'existence :

Du *sulfate d'ammoniaque* et du *nitrate de soude* comme sources d'azote ;

Du *nitrate de potasse* comme source d'azote et de potasse.

Le *sulfate d'ammoniaque* produit d'excellents effets lorsqu'on l'associe à des engrais riches en phosphates ; employé en couverture, il rend à des végétations languissantes une remarquable vigueur; il contient :

Acide sulfurique.	60,60
Ammoniaque	25,76
Eau	13,64
	100,00

Les 25,76 d'ammoniaque renferment :

Azote.	21,21
Hydogène.	4,55
	25,76.

Aussi le bon sulfate d'ammoniaque est-il vendu comme renfermant 21 0/0 d'azote.

Le *nitrate de soude* renferme :

Acide nitrique	63,53
Soude	36,47
	100,00

et dans les 63,53 il y a 16, 40 d'azote ; toutefois, le nitrate de soude du commerce ne contient en général que 14 à 15 0/0 d'azote.

Le *nitrate de potasse*, engrais actif, mais cher, renferme :

Acide nitrique.   53,41
Potasse.   46,59
                                         ———
                                         100,00

Les 53,41 d'acide nitrique représentent 13,8 d'azote, mais commercialement il ne faut guère compter que sur 12 à 13 0/0.

Vous voyez qu'en vous donnant les détails, je suis bien loin de vous conseiller le mépris des engrais dits *chimiques*. Essayez-les donc, encore une fois, mais gardez-vous des exagérations et des systèmes. C'est par ce conseil que je termine notre entretien.

NEUVIÈME ENTRETIEN

LES FRAUDES DEVANT LA LOI ; LES LABORATOIRES DE CHIMIE
AGRICOLE.

La loi protége l'agriculteur contre les fraudeurs
d'engrais, mais elle ne peut le protéger contre sa
propre insouciance.

D. *Dites-nous comment la loi nous protége ?*

R. Je suppose que vous ayez acheté un engrais
avec les précautions que je vous ai indiquées,
c'est-à-dire *en prenant une facture et un échantillon cacheté,* et que l'on vous apprenne qu'il y a eu
fraude sur la marchandise livrée ; vous irez chez le
procureur de votre arrondissement et vous lui dé-
noncerez le fait ; si votre plainte est fondée, le
marchand sera poursuivi et vos intérêts sauvegardés.

D. *A quelle peine peut être condamné le frau-
deur ?*

R. A un emprisonnement de trois mois à un an,
et à une amende de 50 francs à 2,000 francs.

D. *Pourquoi le temps de l'emprisonnement et le chiffre de l'amende sont-ils variables ?*

R. Parce que l'importance de la fraude est variable aussi.

Un marchand, en effet, peut vous tromper :

1° *Sur la nature de la marchandise*, en vous vendant pour du guano pur un guano mélangé, ou pour du noir animal pur un mélange de noir animal avec des poudres de minime valeur. Il y aurait aussi tromperie sur la *nature* de la marchandise, si on vous livrait pour du phosphate fossile un mélange de cet engrais avec de la tangue.

2° *Sur l'origine de la marchandise*, en vous vendant comme *guano péruvien* un engrais dont la richesse en azote et en phosphates serait la même, mais qui ne serait pas cependant du vrai guano apporté du Pérou.

3° *Sur la composition de la marchandise*, en vous livrant un noir animal à 50 0/0 de phosphate lorsque la facture en mentionne 70 0/0 ; ou bien un phosphate fossile à 30 0/0 lorsqu'on vous l'a garanti à 50 0/0.

D. *Le marchand peut-il ignorer la nature ou la composition de ce qu'il vend ?*

R. Certainement, bien que ce soit l'exception ; aussi les tribunaux ne condamnent-ils que lorsque la mauvaise foi est évidente. De même, ils peuvent ordonner ou ne pas ordonner l'*affichage* de leur jugement, selon que le prévenu est plus ou moins digne d'intérêt.

D. *Est-ce que la loi dont vous nous parlez est nouvelle ?*

R. Elle date du mois de mai 1867, et sur les 206 députés auxquelles elle a été présentée, 204 l'ont approuvée. Au sénat, pas une voix ne s'est élevée pour la combattre. C'est une preuve de son utilité.

D. *Comment pouvait-on obtenir justice avant que cette loi ne fût faite ?*

R. On ne pouvait pas toujours l'obtenir, parce que la loi ancienne était incomplète ; ainsi les tribunaux condamnaient un marchand qui avait vendu un mélange de tourbe et de noir animal en annonçant que c'était du noir non mélangé ; mais s'il ne s'agissait que d'une diminution, même assez forte, sur la composition chimique annoncée et promise, la poursuite ne pouvait s'exercer, alors même que la mauvaise foi était établie. Voilà pourquoi on a fait une loi nouvelle.

D. *Le marchand qui essaye de tromper, sans consommer la vente, est-il puni ?*

R. Il peut être puni, et la loi de 1867 a prévu le cas où il n'y aurait que *tentative de tromperie*. En un mot, on a fait pour les engrais ce qu'on avait fait pour les aliments et les boissons en 1850 et 1851.

D. *Il y a quelques années, nous voyions souvent chez les marchands de grands écriteaux mention-*

*nant la richesse des engrais mis en vente. Pour-
quoi a-t-on cessé de les exiger ?*

R. Je pourrais vous faire à cet égard un bien long
récit, et vous montrer combien d'efforts ont été dé-
pensés pour défendre vos intérêts ; je me conten-
terai de vous dire, qu'à l'imitation du préfet de la
Loire-Inférieure (1), vingt préfets avaient pris des arrêtés pour *prévenir* les fraudes et pour éclairer les
acheteurs ; d'après ces arrêtés un marchand était tenu
de mettre, sur un tas de noir animal offert au public,
la richesse en phosphate de chaux révélée par l'analyse. S'agissait-il d'un guano, il devait mentionner
la richesse en phosphate et la richesse en azote ;
malheureusement ces arrêtés n'étaient pas en accord
parfait avec la loi, et la Cour de cassation les a an-
nulés.

D. *Les écriteaux étaient cependant utiles ?*

R. Ils étaient fort utiles, puisqu'ils ont fait l'é-
ducation d'un grand nombre d'acheteurs ; ils étaient
utiles, puisqu'ils protégeaient le marchand consciencieux. Enfin il fallait bien qu'ils eussent des
avantages sérieux, puisque au moment où je vous
parle certains négociants les ont conservés dans leurs
magasins.

(1) Arrêté de M. Gauja, préfet de la Loire-Inférieure, 1850.
A l'occasion de cette date, il est équitable et peut-être
opportun de rappeler que, pour la première fois, en 1850, celui
qui écrit ces lignes a organisé dans la Loire-Inférieure, la
*vente obligatoire sur des écriteaux indicateurs de leur com-
position.* Grâce aux dispositions de l'arrêté pris dans la
Loire-Inférieure et calqué dans beaucoup d'autres, les notions sur la nature des engrais sont devenues vulgaires avec
une assez grande rapidité.

D. *S'ils étaient utiles, pourquoi la loi nouvelle ne les a-t-elle pas rendus obligatoires ?*

R. Parce qu'on a eu peur que la *liberté du commerce et de l'industrie* ne fût gênée.

D. *Vous paraissez ne pas être de cet avis ?*

R. Je crois, moi, que la liberté des pharmaciens n'est pas gênée parce que, au nom d'un grand intérêt public, on vérifie la nature de leurs médicaments ; la liberté des bijoutiers n'est pas non plus gênée, bien qu'on soumette au contrôle les bijoux et l'argenterie ; et si j'étais marchand d'engrais, je regretterais que l'absence d'écriteaux favorisât trop ceux de mes concurrents qui livrent à l'agriculture des mélanges de faible valeur dont l'apparence seule est satisfaisante.

En Angleterre, pays de grande liberté commerciale, le parlement était saisi il y a quelque temps d'un projet de loi pour la répression des *fraudes sur les graines.* Dans le même pays on vient de réglementer, au grand avantage de la santé publique, l'exercice de la pharmacie et la vente des poisons, qui auparavant étaient libres. Vous voyez qu'il y a quelquefois des nécessités morales qui s'imposent aux hommes. Au surplus, l'opinion que je vous développe ici, le congrès des agriculteurs bretons réuni en 1865 à Saint-Brieuc l'a adoptée complétement sur ma proposition ; elle n'était donc pas tout à fait dénuée de bon sens. Mais je n'insiste pas, puisque désormais l'obligation de *l'étiquetage* est supprimée : le temps que nous consacrerions à nous plaindre peut être plus utilement employé à nous éclairer sur la loi nouvelle.

D. *Veuillez maintenant nous parler des laboratoires de chimie agricole.*

R. L'administration de plusieurs départements a
voulu concourir à éclairer les agriculteurs, et pour
cela elle leur a libéralement ouvert des laboratoires
où des conseils leur sont donnés soit gratuitement,
soit à des prix très-modiques. En un mot, l'étiquetage des engrais n'étant plus obligatoire, les conseils généraux, les sociétés d'agriculture ont voulu
venir en aide aux cultivateurs peu aisés et leur
donner, autant que possible, le moyen de se renseigner et de se défendre contre la fraude. C'est un
livre qu'on a mis à la disposition de l'agriculteur,
à lui maintenant de le feuilleter et de le lire.

D. *Comment un cultivateur éloigné de la ville
peut-il profiter des laboratoires ?*

R. D'une manière bien facile, car la poste reçoit
et transporte, pour quelques centimes, des échantillons placés dans des sacs ou des petites boîtes ; la
condition nécessaire est que l'affranchissement de
l'échantillon soit payé et que la ficelle employée pour
fermer le sac soit fixée *non par un nœud, mais par
une boucle.*

D. *L'analyse est-elle toujours gratuite ?*

R. A Nantes, à Orléans, à Rennes, à Vannes, et
dans quelques autres villes, les chimistes chargés
de la direction des laboratoires font pour les agriculteurs des analyses gratuites. Sur ma proposition, l'administration de la Loire-Inférieure est entrée

la première dans cette voie ; mais comme les commerçants ne doivent pas profiter de cette gratuité, il est indispensable que l'expéditeur d'un échantillon à analyser sans frais justifie de sa qualité de cultivateur.

D. *Comment peut-il en justifier ?*

R. De la manière suivante : le sac d'échantillon porte nécessairement une étiquette sur laquelle est inscrite l'adresse du directeur du laboratoire. Eh bien, à la demande du cultivateur, le maire appose son cachet sur cette étiquette. Cette formalité suffit.

D. *Comment ce cachet de la mairie démontre-t-il que l'échantillon est présenté par un cultivateur plutôt que par un marchand d'engrais ?*

R. Parce que les maires ont reçu des instructions à ce sujet, et qu'ils ne mettraient pas le cachet de la mairie sur des sacs qui leur seraient présentés par des commerçants.

D. *Au moyen des chiffres que fournit l'analyse, peut-on déterminer exactement la valeur d'un engrais ?*

R. J'ai déjà eu l'occasion de vous exprimer ma pensée à cet égard et de vous démontrer que les éléments chimiques des engrais peuvent, selon leur état physique, être plus ou moins assimilables et avoir, par conséquent, des valeurs distinctes. On se trompe donc lorsqu'on prétend représenter par une somme fixe le kilogramme d'azote ou d'acide phosphorique ; toutefois on peut souvent s'approcher beaucoup de la vérité ; et pour vous renseigner très-exactement sur la véritable portée de l'essai chimique des engrais, je vais entrer dans l'examen de quelques cas nettement définis.

Je suppose que vous ayez acheté un noir de sucrerie à 28 centimes le kilogramme de phosphate de chaux réel, il est évident que l'analyse seule permettra de fixer le prix de l'engrais livré par le marchand.

Si vous avez acheté un sang sec en convenant que le kilogramme d'azote sera payé 2 fr. 70 c. et qu'il y aura, en cas de différence de richesse, une diminution de prix proportionnelle à l'abaissement du titre en azote, l'analyse établira fidèlement le prix réel du sang qui vous aura été envoyé.

Mais ce que l'analyse ne peut pas déterminer *rigoureusement,* c'est la *valeur agricole* d'un engrais dont la nature est complexe. Cette analyse peut servir à comparer deux phosphorites du même gisement lorsque des quantités variables de sable abaisseront proportionnellement la dose de phosphate; elle fournit encore une appréciation sûre des différences de valeur agricole existant entre un sulfate d'ammoniaque à 18 0/0 d'azote et un autre sulfate à 21 [0/0; elle fixe enfin les valeurs agricoles comparatives de deux types de superphosphate obtenus avec la même matière première, mais traités par des quantités différentes d'acide sulfurique. Tout cela est évident, mais il convient de savoir où il faut s'arrêter dans l'affirmation.

Je vois tous les jours des noirs de raffinerie d'Amsterdam et de Bristol, vendus 13 fr. 50 à 14 fr. l'hectolitre, donner en agriculture des résultats magnifiques et l'emporter sur des noirs beaucoup plus riches. Ces noirs pèsent généralement 96 kil^g. l'hectolitre et renferment 35 0/0 d'humidité. L'analyse de la matière sèche fournissant 2 0/0 d'azote et 50 0/0 de phosphate de chaux, on arrive aux résultats suivants :

L'hectolitre contient réellement 31 kilogr. 200 de phosphate de chaux et 1 kilogr. 248 d'azote contenus dans 62 kilogr. 400 d'engrais sec.

Supposons que le kilogramme d'azote soit calculé à 2 fr. 50 c., le kilogramme de phosphate de chaux à 29 centimes, nous arriverions à cette conclusion que le marchand a vendu 14 francs une substance dont la valeur agricole est environ de 12 fr. 16 c.

Je prétends que, dans ce cas, la conclusion tirée de l'analyse serait parfaitement inexacte et que l'agriculteur, après avoir consulté la plante, aurait le droit de dire au chimiste : « Vous pouvez être « fort savant, mais comme mon noir d'Amsterdam, « payé 14 francs, me donne, tout compte fait, du « blé noir et des choux à bon marché, je continuerai « à l'employer, même à 14 francs l'hectolitre. »

Et l'agriculteur aurait raison.

Mais n'allons pas trop loin toutefois sur cette pente, car la vérité n'est jamais dans les extrêmes.

Vous avez constaté, l'an dernier, je suppose, l'excellent effet du noir d'Amsterdam, et vous possédez son analyse ; voilà qui est fort bien ; mais si cette année on vous offrait sous le même nom et pour le même prix un noir dont la composition fût toute différente, oh ! c'est alors que le chimiste vous eût rendu grand service, car, son bulletin d'analyse en main, vous pourriez dire au marchand : « Je vous ai payé, l'an dernier, 14 francs un « hectolitre de noir ayant tant d'azote et tant de

« phosphate, et je suis désormais fixé sur les effets
« de cet engrais, mais celui que vous me fournissez
« aujourd'hui renferme 1 0/0 d'azote ou 10 0/0 de
« phosphate en moins : ce n'est plus le même noir;
« jusqu'à plus ample informé, je ne puis compter
« sur les mêmes effets; je ne suis plus votre ache-
« teur, du moins à 14 fr. l'hectolitre. » Ici l'utilité de l'analyse apparaîtrait sans qu'on pût la con-
tester.

En un mot, l'analyse est utile : elle permet de
comparer entre elles des substances de même
origine, elle fixe la valeur commerciale réelle des
engrais dits *chimiques* et elle démasque les falsi-
ficateurs. Cependant elle ne permet pas de donner
la mesure exacte de l'effet utile dans le sol, alors
surtout que dans l'engrais examiné il y a des substances organisées en cours de décomposition. En
pareil cas, le rôle du chimiste consiste à fournir des
indications sur les poids relatifs des éléments cons-
tituants de la substance fertilisante, mais l'agriculteur seul peut demander à la terre la *valeur agricole*
qu'il a intérêt à connaître. J'insiste sur cette vérité
parce qu'elle est trop souvent méconnue et parce
que des publications récentes tendraient à l'obs-
curcir en ramenant la question délicate des engrais
à un simple problème de laboratoire.

C'est avec ces réserves, mes amis, que je vais
reproduire, *à titre de renseignement*, la valeur ap-
proximative des principaux éléments des engrais.
A vous désormais de bien réfléchir à ce que je vous
ai enseigné, avant de faire l'application de ces
chiffres.

                                                    le kilogr.
Azote à l'état de sel ammoniacal.............   3 fr. »

	le kilogr.	
Azote à l'état de nitrate................	2fr.	50
Azote du sang et des chairs sèches, de....	2	75
à.....	2	80
Acide phosphorique dans les noirs de raffi-nerie de Nantes, Bordeaux, Marseille, (1)de	»	80
à......	»	95
Acide phosphorique dans le noir de raffi-nerie d'Amsterdam et de Bristol........	»	76
Azote phosphorique des noirs de sucre-rie du nord de la France (2)	»	60
— Id. de Liverpool...............	»	65
Acide phosphorique dans les phosphates fossiles.............................	»	34
Acide phosphorique soluble dans l'eau des superphosphates......................	1	»
Potasse dans les nitrates................	1	»
— dans les chlorures ou sulfates.....	»	70

D. *Les directeurs des laboratoires de chimie agricole donneraient-ils gratuitement des rensei-gnements sur la nature des terrains?*

R. Il m'arrive souvent d'analyser des terres, des eaux, des betteraves à sucre, des résidus divers

---

(1) En multipliant l'acide phosphorique par 218 on a le phosphate de chaux, et réciproquement en divisant le phosphate de chaux par 218 on a l'acide phosphorique.

Le lecteur trouvera dans l'entretien où il est parlé des noirs de raffinerie l'explication de ces prix relativement fort élevés de l'acide phosphorique.

(2) Ces prix s'appliquent à l'engrais pris sur le marché de Nantes. Ils sont au reste variables selon les années, et au moment actuel (mai 1874) le cultivateur peut se procurer des noirs du nord à 0. 20 c. le kilogr. de phosphate de chaux.

qu'on veut employer comme engrais ; vous voyez
que les renseignements mis à votre disposition
sont nombreux, et qu'il y aurait grande insouciance
de votre part à ne pas en profiter. Prouvez donc
aux administrations départementales, aux comices,
aux sociétés d'agriculture, que vous êtes dignes
en tous points de la sollicitude qu'ils témoignent
pour vos plus chers intérêts, et n'oubliez pas que
le proverbe : *Aide-toi, le ciel t'aidera* est éternelle-
ment vrai. Défiez-vous des utopies, mais ne tombez
pas dans l'excès contraire en fermant l'oreille aux
conseils d'une prudente expérience. Vous avez vu,
je le sais bien, des *messieurs* se ruiner en faisant
de l'agriculture de luxe ; mais tout, en ce bas monde,
est question de mesure. Aussi bien, il n'y a pas que
les agriculteurs en gants jaunes qui fassent de
mauvaises affaires, et si vous cherchez autour de
vous, je doute que vous trouviez beaucoup de fer-
miers paresseux et routiniers qui parviennent à
l'aisance. Ne méprisez donc pas les enseignements
de la science lorsqu'il vous est possible d'en con-
trôler l'exactitude ; lisez, éclairez-vous, — on n'en
sait jamais trop,—apprenez à connaître les engrais
que vous employez, et n'oubliez pas que dans 1 kilogramme de pain, l'engrais employé représente bien
près de 8 centimes.

DOCUMENTS

Loi répressive des fraudes dans la vente des engrais.

(Mai 1867.)

Le Corps législatif a voté et le Pouvoir exécutif a promulgué au mois de juillet suivant la loi dont la teneur suit:

ART. PREMIER. Seront punis d'un emprisonnement de trois mois à un an et d'une amende de cinquante à deux mille francs:

1° Ceux qui, en vendant ou en mettant en vente des engrais ou amendements, auront trompé ou tenté de tromper l'acheteur, soit sur leur nature, leur composition ou le dosage des éléments qu'ils contiennent, soit sur leur provenance, soit en les désignant sous un nom qui, d'après l'usage, est donné à d'autres substances fertilisantes;

2° Ceux qui, sans avoir prévenu l'acheteur, auront vendu ou tenté de vendre des engrais ou amendements qu'ils sauront être falsifiés ou avariés;

Le tout sans préjudice de l'application de l'art. 1er, § 3 de la loi du 27 mars 1851, en cas de tromperie sur la quantité de la marchandise.

Art. 2. En cas de récidive, commise dans les cinq ans qui ont suivi la condamnation, la peine pourra être élevée jusqu'au double du maximum des peines édictées par l'art. 1er de la présente loi.

Art. 3. Les tribunaux pourront ordonner que les jugements de condamnation soient, par extraits ou intégralement, aux frais des condamnés, affichés dans les lieux et publiés dans les journaux qu'ils détermineront.

Art. 4. L'art. 463 du Code pénal est applicable aux délits prévus par la présente loi.

Extrait des Actes administratifs de la Préfecture de la Loire-Inférieure

—

MAI 1864

—

CIRCULAIRE A MM. LES MAIRES DU DÉPARTEMENT

—

CRÉATION D'UN LABORATOIRE PUBLIC

POUR L'ESSAI DES ENGRAIS ET DES MATIÈRES UTILES
A L'AGRICULTURE

—

Réformation du Règlement du 16 juin 1853 sur le commerce des engrais.

Nantes, le 20 mai 1864.

MONSIEUR LE MAIRE,

Les mesures organisées dans le département, afin d'assurer la loyauté des transactions relatives aux engrais, ont rendu des services réels à l'agriculture. Elles ont, tout à la fois, protégé et éclairé les cultivateurs.

La surveillance exercée par l'administration n'a sans doute pas fait disparaître toutes les fraudes, mais elle en a notablement diminué l'importance et le nombre. D'autre part, la publicité des analyses qu'exigeait la vérification des engrais mis en vente a vulgarisé l'habitude de ne les apprécier que d'après l'épreuve chimique des principes qui les rendent plus ou moins précieux.

La valeur d'une substance propre à fertiliser la terre ne peut être, en effet, fixée par son aspect extérieur, ses caractères physiques, ou certaines analogies apparentes. La somme des principes utiles qui y sont réunis peut seule révéler sa richesse. D'un autre côté, ce n'est que par la détermination des éléments qui manquent à tel sol particulier qu'il est possible de reconnaître s'il convient d'y introduire les principes fertilisants contenus dans cette substance.

Cette double vérité, que les recherches de la science, unie aux observations de la pratique agricole, ont mise dans tout son jour, a été portée, par le système de vérification administrative des engrais et par la vulgarisation des analyses, à la connaissance des plus modestes cultivateurs. L'expérience acquise sur ce point et généralement répandue oblige en quelque sorte les marchands à ne vendre un engrais qu'en déclarant et garantissant la composition constatée par l'analyse chimique.

Les dispositions spéciales destinées à prévenir les tromperies sur la nature des engrais industriels ont ainsi, par leurs résultats mêmes, perdu une partie de leur utilité dans le département. Il est devenu possible, je le crois, de supprimer toute réglementation, *et de laisser à chacun le soin de faire opérer la vérification qui doit lui garantir la réalité et la quantité des principes fertilisants qu'il recherche, et partant la réussite de ses travaux.*

La jurisprudence de la Cour de cassation ne permet pas, d'ailleurs, de maintenir des dispositions dont l'autorité est infirmée par de récents arrêts.

Par ces divers motifs, j'ai rapporté l'arrêté de mon prédécesseur, en date du 16 juin 1853.

La suppression de ces mesures protectrices ne fera naître aucun inconvénient, si l'attention et le contrôle de chaque intéressé suppléent à la surveillance et à la vérification administratives qui vont cesser. Mais, pour assurer cette action de l'initiative individuelle, il est nécessaire de mettre à la disposition de tous les moyens :

1° De s'éclairer sur la composition des engrais, de connaître l'existence et la proportion des principes qu'ils contiennent et en vue desquels leur achat est effectué ;

Et 2° d'obtenir des indications semblables sur les sols cultivés ou à exploiter, sur les eaux employées à l'irrigation, et sur les divers produits dont l'industrie agricole fait usage.

J'ai, dans ce but, créé à Nantes un laboratoire public, dans lequel tout agriculteur, fabricant ou marchand du département pourra, moyennant une modique rétribution, faire opérer l'essai chimique des engrais, des sols, des eaux d'irrigation, etc., en un mot, de toute matière utile à l'agriculture, dont il aurait intérêt à connaître la composition.

Ce laboratoire sera dirigé par le chimiste distingué qui, depuis plusieurs années, est chargé des analyses accomplies sous le contrôle de l'administration. M. Bobierre a puissamment contribué par ses recherches, par son enseignement, par ses publications, à répandre dans notre pays les saines notions de la science et de l'expérience sur la composition, le mode d'action et les effets des agents de fertilisation du sol. Sa direction sera une garantie de la valeur scientifique des essais qui seront effectués dans le laboratoire départemental.

L'envoi de la plupart des échantillons de noirs, guanos, etc., pourra être fait par la poste, qui effectue ce transport suivant un faible tarif. Les échantillons plus considérables seront facilement adressés au laboratoire par l'intermédiaire des commissionnaires ou des messageries.

Le prix des analyses pourra être payé à l'aide de mandats sur la poste, qui, au-dessous de 10 fr., sont exempts du timbre.

Le laboratoire, établi au chef-lieu du département, offrira donc à tous les intéressés un moyen sûr et facile de vérification et de garantie. Ceux qui seraient trompés ne pourront imputer qu'à leur négligence le préjudice dont ils seront les victimes. Mais il importe, vous le comprendrez, monsieur le maire, de donner la plus grande publicité à cette création, afin que tous ceux dont elle est destinée à servir et protéger les intérêts puissent en profiter.

J'ai l'honneur de vous adresser l'arrêté que je viens de prendre pour l'organisation de ce laboratoire; il est suivi du tarif des frais à payer pour chaque analyse.

Je vous prie de faire afficher et publier dans votre commune l'exemplaire en placard que je vous transmets.

J'ai chargé M. l'inspecteur d'agriculture du département de se mettre, dans ses tournées, en rapport avec les cultivateurs, de leur faire connaître l'existence, le but et les avantages de ce laboratoire, et de les éclairer sur les services qu'il est appelé à rendre.

Je compte, monsieur le maire, sur tout votre concours pour aider M. l'inspecteur dans cette utile mission.

Recevez, etc.

Le conseiller d'État, préfet de la Loire-Inférieure,

Henri Chevreau.

ARRÊTÉ DU 20 MAI 1864.

Nous, conseiller d'État, préfet de la Loire-Inférieure, grand-officier de l'Ordre impérial de la Légion d'honneur,

Vu l'arrêté réglementaire pris le 16 juin 1853 par l'un de nos prédécesseurs, concernant le commerce des engrais dans le département;

Vu l'arrêté de la Cour de cassation du 6 novembre 1863 ;

Vu le budget du département pour 1864 ;

Vu la loi du 10 mai 1838;

Considérant que l'autorité des mesures réglementaires prescrites afin d'assurer la loyauté du commerce des engrais dans le département est infirmée par la jurisprudence de la Cour de cassation, et qu'il convient, en conséquence, de réformer ces prescriptions;

Considérant que l'importance des transactions sur les engrais dans le département et l'intérêt de l'agriculture ne permettent pas de supprimer ces mesures protectrices sans mettre à la disposition des intéressés un moyen sûr et facile de s'éclairer sur la nature, la composition, la qualité des engrais et des matières utiles à l'industrie agricole ;

ARRÊTONS :

ARTICLE PREMIER.

Il est créé à Nantes un laboratoire public pour l'analyse des engrais et des matières utiles à l'agriculture.

ART. 2.

Tout fabricant, marchand ou agriculteur du département pourra faire opérer, dans ce laboratoire, l'essai chimique des engrais, amendements, sols, eaux d'irrigation, etc., dont il lui serait utile de connaître la composition.

Art. 3.

Un tarif, approuvé par nous, déterminera les frais à payer pour chaque analyse.

Art. 4.

M. Bobierre, docteur ès sciences, est nommé directeur du laboratoire départemental.

Art. 5.

Est et demeure rapporté l'arrêté réglementaire du 16 juin 1853 sur le commerce des engrais dans le département.

Nantes, le 20 mai 1864.

Le conseiller d'État, préfet de la Loire-Inférieure.

Henri Chevreau.

Une décision ultérieure, émanée de M. Bourlon de Rouvre, préfet de la Loire-Inférieure, détermine que l'analyse sera effectuée gratuitement pour tout cultivateur qui en fera la demande. Les échantillons de terres, eaux d'irrigation, engrais, produits agricoles, seront dans ce cas envoyés au *laboratoire de chimie agricole* sous le cachet du maire de la commune où habite le demandeur.

L'initiative prise par l'administration de la Loire-Inférieure en avril 1853, et qui a imprimé une si vive impulsion à la vente des engrais sur garantie de leur composition, a enfin porté ses fruits. La création d'un laboratoire d'essai à Nantes a été imitée dans un assez grand nombre de localités et, tantôt sous le nom rarement justifié de *stations agronomiques*, tantôt sous celui de *laboratoires de chimie agricole*, il s'est fondé des institutions qui, souvent modestes, mais toujours utiles, rendent des services signalés aux agriculteurs. Les conseils généraux, les sociétés d'agriculture, quelquefois même les municipalités ont concouru à ces fondations. Elles sont ce que les font les hommes qui ont l'honorable mission de les

féconder par leur travail incessant, et une longue expérience
m'a démontré que l'administration supérieure obéirait à une
illusion bien grande si elle croyait un seul instant à la pos-
sibilé d'organiser avec le concours de tout fonctionnaire hié-
rarchiquement classé un laboratoire ou une station. Dans
toutes les villes où le succès de ces institutions a été réel,
on aime à constater qu'il a été dû à des efforts personnels
que l'amour de l'étude et la vigueur de l'initiative ont pro-
voqués. J'ajouterai qu'aujourd'hui un assez grand nombre de
laboratoires de chimie agricole sont à la disposition de l'agriculture, et que leur nombre tend à s'accroître au grand avantage de la production d'une part et de la sincérité des transactions de l'autre.

TABLE DES MATIÈRES

A

AIR. — Sa composition . . . .

ANALYSE DES ENGRAIS. — Ne donne pas toujours leur valeur agricole 132
— gratuite 131

B

BI-PHOSPHO-GUANO 101

C

CASSE-OS ROHART 62
CENDRE D'OS 64
CHARBON DE SCHISTE. — Mélangé au noir animal . . . 82
CHARRÉE. — Sa composition . 110
— Son achat 108
— Ses fraudes 107
CHAULAGE. — Incompatible avec l'action du noir . . . 115
CHAUX. — Composition et achat 117
— Son action dans le sol . 111
— n'agit pas comme la marne 115
CHIMISTE. — Limites de ses investigations 56
CLARIFICATION DU SUCRE . . 68

E

BETTERAUX. — Indicateurs de la composition des engrais. 128
ENGRAIS. — Payés en nature . 82
ENGRAIS. — Chimiques, 30, 33, 121
— A base de tourbe . . . 84
— A base de noir, son prix de revient 83
EXCRÉMENTS. — Leur importance 41

F

FERTILITÉ. — A quelles conditions on la maintient . . 17
FRAUDE SUR LES ENGRAIS. — Sa répression légale 126
FUMIER. — Ce qu'il renferme. 29
— Son volume et son poids. 34
— Son amélioration 34
Ses principes prétendus inutiles 31
Son action complexe . . 30
— Faut-il l'abandonner ? . 38
— Mal soigné 27
— Artificiel 35
— (Arrosage du) 32
— Mélangé à la chaux . . . 112
— Remplacé par des produits chimiques 27

G

GUANO. — Son origine . . . 45
— Fraudes. 47
— Marque d'origine. . . . 49
— Composition. 46
— Prix de vente 47
— Explication de son rôle 52
— Du Pérou. 45
— Chincha. 46
— Macabi.. . . . . id.
— Guañape. . . . . id.
— Plomb de vente. . . . 50
— Ne remplace pas le fu-
mier. 52
— Mélangé. 51
— A azote fixé. . . . . . id.
— Artificiel.. 53

J

JACHÈRE 15

K

KOPRO-GUANO.. 101

L

LANDES. — Défrichées à l'aide
du phosphate fossile. . . 89
LABORATOIRES DE CHIMIE
AGRICOLE. 131
— Renseignements qu'ils
peuvent fournir. . . . 20

M

MARNE. — Sa composition. . 110
MATIÈRES FÉCALES. — Quan-
tité rendue en 24 heures. 42
MATIÈRES DE VIDANGE. —
Leur emploi à l'état liquide. 44
MONO-PHOSPHO-GUANO. . . . 101

N

NITRATE DE POTASSE. — Sa
composition. 125

NITRATE DE SOUDE. — Sa
composition. 124
NITRO-GUANOS 41
NOIR ANIMAL. — Composition 65
— Neuf. 66
— Additionné de tourbe . 80
— Comment on doit l'ache-
ter. 73
— Est-il toujours fraudé? 70
— Son action dans le sol.. 71
— Des raffineries. 67
— De sucrerie 67
— Des fabriques de géla-
tine 70
— Revivifié. 67
NOIR DE RAFFINERIE. — Sa
composition 69

O

OS. — Leur composition chi-
mique 58
— Leur texture. . . . . . id.
— (Torréfaction des). . . 60
— Dégélatinés 62
— Leur graisse. 58
— Leur action comme en-
grais. 59
— (Écrasage des) 60
OSSÉINE 58

P

PHOSPHATE DE CHAUX. — Sa
composition 86
— Des os.. 87
— Soluble dans l'eau. . . id.
— Fossile. 88
— De Malden-Island . . . 95
— De Mexillonnes . . . . id.
— De Baker. . . . . . . id.
— De Navassa . . . . . . id.
— Du Nassau.. 96
— D'Espagne. . . . . . . id.
PHOSPHATE FOSSILE. — Sa
composition. 90
— Mélangé au fumier. . . 36
— Employé comme engrais 88

— Son essai par la méthode commerciale... 92
— Malentendu dans les transactions qui s'y rapportent 91
— Sa falsification..... 94
PHOSPHATE-GUANO...... 101
PHOSPHO-GUANO........ 41
PHOSPHORITE......... 96
PLANTES. — Comment elles se nourrissent.... 12-16
— Leurs besoins spéciaux. 13
POUDRETTE. — Sa composition........... 42
— Falsifiée........ 44
— Terrains auxquels elle convient....... id.
PRINCIPES FERTILISANTS DES ENGRAIS. — Leur valeur commerciale........ 135
PURIN. — Ramené sur le fumier........... 36

S

SCIENCE. — Ses avantages...

SIMILAIRE DU PHOSPHO-GUANO 101
SULFATE D'AMMONIAQUE. — Sa composition...... 124
SUPERPHOSPHATE DE CHAUX. 98
— Son emploi en agriculture......... 100

T

TERRE. — Son repos.... 14
— Sa nature accusée par les végétaux sauvages. 18
— Fertile sans engrais. . 16
VALEUR AGRICOLE. — Peut-elle se déduire de l'analyse?...... 55, 132
RÉCOLTES. — Ce qu'elles renferment......... 12
— Leur importance.... 38

U

URINE. — Quantité rendue en 24 heures....... 42

Clichy. — Imp. Paul Dupont, rue du Bac-d'Asnières, n° 12. (1508-75.)

www.ingramcontent.com/pod-product-compliance
Ingram Content Group UK Ltd.
Pitfield, Milton Keynes, MK11 3LW, UK
UKHW021725090726
13657UKWH00002B/517